全国高等院校计算机基础教育研究会发布

China Vocational-computing Curricula 2010

中国高等职业教育
计算机教育课程体系

2010

中国高等职业教育计算机教育改革课题研究组

中国铁道出版社
CHINA RAILWAY PUBLISHING HOUSE

内 容 简 介

随着高等职业教育改革的进一步深入，并应广大一线教师的迫切要求，全国高等院校计算机基础教育研究会与中国铁道出版社再度联手，在《中国高职院校计算机教育课程体系2007》（CVC 2007）的基础上，推出了《中国高等职业教育计算机教育课程体系2010》（CVC 2010）。

新版本邀请了有关的知名专家、具有丰富教学经验的高职教师以及行业企业专家参加，在 CVC 2007 成功经验的基础上，紧密结合新一轮高等职业教育教学改革实践，探索创新人才的培养模式，逐步形成适合中国国情的、具有中国特色的课程开发方法和计算机教育的课程方案，为高职院校提供可供借鉴的经验。

图书在版编目（CIP）数据

中国高等职业教育计算机教育课程体系：2010 / 中国高
等职业教育计算机教育改革课题研究组编. —北京：
中国铁道出版社，2010
ISBN 978-7-113-11192-2

Ⅰ.①中…　Ⅱ.①中…　Ⅲ.①高等学校：技术学校—
电子计算机—课程设计—研究—中国　Ⅳ.①TP3-4

中国版本图书馆 CIP 数据核字（2010）第 049456 号

书　　名：中国高等职业教育计算机教育课程体系 2010
作　　者：中国高等职业教育计算机教育改革课题研究组

策划编辑：严晓舟　秦绪好
责任编辑：沈　洁　杜　鹃　　　　　　编辑部电话：(010) 63583215
封面设计：付　巍　　　　　　　　　　封面制作：白　雪
责任印制：李　佳

出版发行：中国铁道出版社（北京市宣武区右安门西街 8 号　　邮政编码：100054）
印　　刷：北京市彩桥印刷有限责任公司
版　　次：2010 年 5 月第 1 版　　　　2010 年 5 月第 1 次印刷
开　　本：787mm×960mm　　1/16　印张：15.25　字数：295 千
书　　号：ISBN 978-7-113-11192-2
定　　价：38.00 元

中国高等职业教育计算机教育改革课题
研究组人员名单

顾　问：王路江　　谭浩强　　刘瑞挺　　吴文虎　　焦金生

主　任：高　林

副主任：樊月华　　鲍　洁　　丁桂芝　　袁　玫　　严晓舟

成　员：（按姓氏笔画排列）

马增友　　方风波　　王永乾　　王向华　　王庆春

礼　平　　叶曲炜　　刘　东　　刘红岩　　孙永道

李　红　　李　青　　李　泉　　李　锦　　何　兵

沈　洁　　张　岳　　赵　玮　　赵家华　　郝玉秀

姜　波　　姜艳芳　　秦绪好　　徐　红　　盛鸿宇

崔　岩　　韩毓文　　翟玉峰

秘书长：宋旭明

前　言

近年来，我国政府高度重视高等职业教育的发展，办学规模进一步扩大，对完善我国高等教育结构，实现高等教育大众化发挥了积极作用。同时，高等职业教育也主动适应社会的需求，切实把改革与发展的重点放到加强内涵建设和提高教育质量上来，更好地为经济社会的发展服务。

而在全球经济一体化、信息技术和自动化技术推动的工业现代化进程中，高等职业教育的课程也面临着新的改革。在新一轮高等职业教育课程改革过程中，高职教育要在克服传统的学科导向职业教育课程设计，探索能力导向高职课程基础上，学习、借鉴国外先进的职业教育经验，以现代职业教育理念为指导，以培养职业竞争力为导向，创新具有中国特色的工学结合课程。

在这种新的改革目标和方向的指引下，在《中国高职院校计算机教育课程体系2007》（CVC 2007）的基础上，全国高等院校计算机基础教育研究会与中国铁道出版社再度联手，邀请了有关的知名教育专家、行业企业专家和具有丰富教学经验的高职教师参加，吸取了CVC 2007的成功经验，并紧密结合新的改革步伐和思想，推出CVC 2010。新版本贯彻高职课程改革的指导思想，逐步探索形成适合中国国情的、具有中国特色的课程开发方法，为中国高等职业教育计算机教育提供可供借鉴的经验。

CVC 2010主要着力于解决以下几个方面的问题：

（1）新形势下我国高等职业教育课程改革的主要任务。目前，我国正处于推进第三次高等职业教育课程改革的过程中。因此，在课程改革中，要充分学习、借鉴国际先进的职业教育思想、理念和课程开发方法，吸取各种课程设计方法之所长，以实践-理论一体化课程为主导，以工学结合为途径，建构适应中国国情、具有中国特色的高等职业教育人才培养模式和课程开发方法，形成具有中国特色的高等职业教育课程体系，这应该成为我国高等职业教育课程改革的发展趋势。

（2）新形势下高职计算机类专业计算机教育的指导思想。首先要以高素质技能型专门人才为培养目标，以培养职业能力尤其是职业竞争力为导向，以"职业分析"为课程设计的起点，明确专业的职业要求，构建新的高等职业教育专业课程体系。

（3）新形势下高职非计算机类专业计算机教育的指导思想和课程开发原则。非计算机专业计算机教学的目标是使高职学生掌握基本的计算机应用能力，具备作为信息社会高素质人才所必需的信息素养；也就是说，计算机教育要为后续专业课的学习奠定基础；应该使学生初步具备在信息社会环境中生活、工作与持续发展的能力。

（4）提供新一轮高职计算机教育改革的专业和课程开发的解决方案。本书贯彻高职课程改革的指导思想，逐步探索形成具有中国特色，并在计算机类专业行之有效的课程开发方法。在计算机类专业的课程体系开发中，本书采用了我国自行研制的两个高职课程开发方法，一个是由北京联合大学高职所提出的职业竞争力导向的"工作过程-支撑平台系统化课程"模式和课程开发方法；另一个是天津职业大学电子信息工程学院提出的基于岗位分析和学期项目主导的课程体系开发方法。结合课题研究，将其用于计算机类专业领域课程开发，进行了进一步的创新性实践研究，并分别给出了具体的专业课程方案和参考方案。本书结合具体课程详细地介绍了"非计算机专业计算机基础课程"的开发原则。

（5）提出推动改革实施的基本原则和方针：即要贯彻实事求是的基本原则和各按步伐、共同前进的方针，不同院校、不同专业要根据自己的实际情况，尤其是教师队伍的情况，制订切实可行的课程和教学改革计划和实施方案，不断推动改革进程，而不统一要求改革进度的一致性。

在 CVC 2010 的编写过程中，一方面，力求站在改革的前沿，提出高职课程改革的理论体系，这个理论体系坚持体现中国特色，在吸取各国家和地区先进职业教育理念和方法的同时，创新符合中国国情的课程体系，这也是新一轮高职计算机教育改革的重要特点和原则之一。另一方面，新一轮的改革思想并不是泛泛而谈，而要在实践中体现深度，体现先进理念和科学方法的指导作用。本书从课程体系、教学模式、教学方法甚至考试方法上，提出了一系列的改革措施和实际案例，以供一线教师和课程开发者参考借鉴。

然而，新思想和新理念的深入和落实并不是一蹴而就的。首先，课程开发要依靠优秀团队，要借力于政府、行业、企业和学校的共同合作，通过开发教材等相关的课程资源，进一步培训教师，逐步推广。其次，以教材建设为主体的教学资源建设引领课程和教学改革。通过编写一批切实反映改革成果的高水平高职教材，引导课程和教学改革的全面开展。因此，课程改革需要有一个过程，要从实际出发，各按步伐、共同前进。不同基础、不同条件的学校都要针对自己的实际情况，提升教学基本能力，逐步积累条件和资源，深化教育教学改革。

本书是许多专家和广大教师集体智慧的结晶。课题组在认真总结各校经验的基础上，进行了深入广泛的讨论，集思广益，分析研究，最终写出课题报告。参加撰写本书的主要有研究组全体成员，除此之外，还有（按姓氏笔画排列）：于京、于俊丽、马娟、王灿、王翔、王爱华、王晓星、朱旭刚、刘百川、刘应杰、刘春艳、刘新伟、汤钦林、李彤、李玮、李占昌、李信一、杨春浩、杨洪雪、张宁、张炯、张林中、张宗国、张海建、陈少清、陈艳燕、孟庆杰、孟繁兴、赵宁、赵胜、郝军、姚菲、高艳萍、姬昕禹、乾正光、联同友、路建彩等。研究组顾问王路江、谭浩强、刘瑞挺、吴文虎、焦金生等教授参加了讨论，并提出重要的指导性意见；高林教授确定了本书的整体结构，樊月华、鲍洁、丁桂芝、袁玫等教授进行了各部分的统稿和审定；高林、鲍洁、樊月华、沈洁等进行了全书的修改和统稿，最后由高林教授审核定稿。

在推出 CVC 2010 的同时，也将出版结合 CVC 2010 中提供的课程开发方案，出版《高等职业教育计算机教育经验汇编（第三集）》，提供具体的案例，以供一线的教师或课程开发者参考。读者可以从中得到怎样进行高职计算机教育的启示，这些经验带有普遍性，也有很强的针对性和可操作性。学习这些经验，首先不是照搬他们的做法，而是学习并深入领会高等职业教育的特点，面向实际、解放思想、锐意改革、大胆创新。

不同学校有不同的经验，我们会在经验汇编第三集的基础上继续收集和总结各校的成功经验，推出后续各集，我们也热忱地希望各校积极总结经验，提供稿件。

本书不妥之处，请读者不吝指正。

中国高等职业教育计算机教育改革课题研究组
2010 年 4 月

目　录

第四部分 非计算机专业计算机基础课程参考方案

第五部分　计算机教育教材建设

第一部分

我国高等职业教育计算机教学改革的指导思想

随着我国市场经济的发展，市场经济对高素质技能型专门人才的需求也在不断地增长，与之相应，我国高等职业教育的办学规模得以空前发展。在办学规模快速扩大的同时，深化教育教学改革，提高教学质量成为当前高等职业教育的重要任务。计算机技术是社会信息化的基础，是市场经济发展的一个重要支柱。计算机产业是一个技术快速发展的产业，对一线从业人员在质和量上都有较高的要求。计算机产业也是一个与社会发展、人们工作和生活越来越密切相关的产业，人们掌握计算机技术的程度对社会的发展、个人工作的发展、生活质量的提升起着至关重要的作用。本书第一部分针对当前计算机教学改革的需要，提出专业改革、课程改革和计算机基础课程改革的主要思路。第 1 章将对我国高等职业教育的改革历程进行概要回顾；第 2 章提出高等职业教育中计算机类专业教学改革的指导思想；第 3 章说明非计算机专业计算机基础课程教学改革的指导思想。

第 1 章 我国高等职业教育的改革历程

目前，在我国加快推进现代化建设，全面建设小康社会和构建社会主义和谐社会，建设人力资源强国的大背景下，在政府的大力发展和积极推动下，我国高等职业教育蓬勃发展，为现代化建设培养了大量高素质技能型专门人才，为高等教育大众化做出了重要贡献。随着国家对高技能人才要求的不断提高，高等职业教育既面临着极好的发展机遇，也面临着严峻的挑战。

本章回顾了我国高等职业教育的发展历程和课程改革的历程，针对历次课程改革的实践经验，指出其中的问题，并提出课程改革中应当遵循的指导思想，旨在为高等职业教育课程的进一步改革与发展提供启示。最后，给出本书的结构说明及基本概念界定，供读者参考。

1.1 我国高等职业教育的发展

近十年来，我国政府高度重视高等职业教育事业的发展，高等职业教育的规模迅速扩大，对完善我国高等教育的类型结构，实现高等教育大众化发挥了积极作用。同时，高等职业教育也主动适应社会的需求，坚持以服务为宗旨，以就业为导向，走产、学、研结合的发展道路，切实把改革与发展的重点放到加强内涵建设和提高教育质量上来，更好地为我国全面建设小康社会和构建社会主义和谐社会，建设人力资源强国做出贡献。

1.1.1 办学规模扩大

大力发展高等职业教育，是我国经济社会迅速发展的迫切需要。自 1998 年以来，我国高职培养的毕业生已超过 1 100 万人，为经济领域内的各行各业生产和工作第一线培养了大批高素质技能型专门人才。2008 年，全国高等职业院校共有 1 184 所，年招生规模达到 310 多万人，在校生达到 900 多万人；高等职业院校招生规模占到了普通高等院校招生规模的一半（原教育部周济部长在十一届全国人大常委会八次会议所做的《国务院关于职业教育改革与发展情况的报告》，中新网 2009 年 4 月 22 日），已成为我国高等教育的"半壁江山"。

1.1.2 基本能力提升

1. 师资水平执教能力的不断提高

在"十一五"期间，国家加强了骨干教师与教学管理人员的培训，建设了一批优秀教学团队，表彰了一批教学名师和在高等职业教育领域做出突出贡献的专业带头人和骨干教师，高学历教师和双师型教师的比重在专任教师中所占的比例也不断地提高。目前，已经初步形成了一支理论联系实际的双师型师资队伍，执教能力的不断提高，为进一步发展我国的高等职业教育奠定了基础。

2．产学合作的不断加强

通过高职院校多年的探索，我国经济社会的发展，行业、企业的不断成长，用人单位开始把高职人才的培养纳入到自身发展的视野，初步形成了一条适合中国国情的、具有中国特色的高等职业教育产学合作发展的新模式。

产学合作的不断加强成为高职建设取得成绩的重要基础，积极推行这一模式并作为高等职业教育教学改革的根本途径，带动课程改革和专业建设成为共识。

3．教学资源的不断丰富

从专业教学资源来看，校均教学设备在 2006 年就达到 2 246 万元，大部分学校的专业教学仪器设备总值超过 1 000 万元。从生均教学设备看，全国高职院校的平均值为 5 650 元，大部分学校的生均设备值超过 3 000 元。其中，超过 10 000 元的学校将近 1/4。

通过这些统计数据可以看出，教学资源的不断丰富，很大程度上保证了高职院校教学的顺利展开和进一步发展。

4．校园环境的不断改善

为保障高职院校办学条件的改善，教育部 2000 年颁布了《高等职业学校设置标准（试行）》，早在 2006 年，就有数据表明，80% 以上的高职院校符合这一基本标准。各校平均校舍建筑面积达到 12.8 万平方米，超过标准一倍以上。各校生均校舍建筑面积的平均值为 32.2 平方米，其中一半以上的生均校舍建筑面积在 20～24 平方米之间。校园环境的不断改善，是高等职业教育改革与发展的重要物质保障。

1.1.3　内涵建设加强

1．加强教学规范化建设

（1）颁布指导性专业目录

为进一步规范高等职业教育专业的设置，逐步建立专业管理的科学运行机制，教育部于 2004 年 10 月颁布了《普通高等学校高职高专教育指导性专业目录（试行）》和《普通高等学校高职高专教育专业设置管理办法》，并从 2005 年开始实施。这对于高职高专的专业规范和教学规范化建设，起到了重要的指导和调控作用。

（2）成立教育部高等学校高职高专教育专业类教学指导委员会

2004 年，教育部决定组建第一届高职高专教育专业类教学指导委员会。这是协助国家教育行政部门对高职高专教育专业的教学工作进行研究、咨询、指导和服务的专家组织，其职能主要为研究咨询、指导推动、质量监控和交流服务。组建高职高专教育专业类教学指导委员会，并由各教指委制订专业规范，可以从宏观上把握各个专业领域发展的方向，指导学校的专业建设与改革。

（3）教学评估成效显著

2004 年，教育部颁布了《高职高专院校人才培养工作水平评估方案（试行）》，开始了第一轮高职高专院校人才培养工作水平的评估。通过这次评估，大大提升了政府、教育管理部门、学校领导和师生对高等职业教育的认识；促进了地方政府对高等职业教育的重视，加大了投入力度，改善了办学条件；推动了高职院校与行业企业的产学合作；加强了高职院校的办学基本能力建设，规范了高等职业教育的基本要求。

近些年，根据高等职业教育发展新形势的需要，教育部又制订并颁布了新的高职院校的评估方案，新方案进一步强调了高职院校的工学结合、产学合作、"双师型"队伍结构、实践教学等高等职业教育的更本质元素的作用；进一步强调了由被评估学校自己定义目标、自己定义措施，自己努力实现。新一轮的高职评估更有力地指导了高职院校的进一步建设和发展。

2. 深化教学改革

（1）与经济社会发展紧密结合

高等职业教育是站在经济社会发展的最前沿，直接培养经济社会发展所需的大量的一线生产、服务、管理的高素质技能型人才的教育，这一特点决定了其必然要与经济社会发展紧密结合。同时，专业的调整，教学内容的更新都是适应市场需要，适应经济社会的发展而进行的，这也是指导高职教学改革的基本理念，如今高职院校对此的认识程度已经越来越深入。

（2）学习借鉴国际先进经验

1999 年以来，教育部先后三次派团前往澳大利亚，学习该国职业教育的经验；此后从 2006 年开始，多次派团赴德国进行教师培训，深入学习德国职业教育的思想，引进了"设计导向"、"基于工作过程"等先进的职教理念和课程开发方法，对我国高等职业教育的改革与发展，起到了良好的借鉴作用。

（3）深化教学改革

近二十年来，高职课程与教学已经经历了三次具有历史意义的改革：第一次改革，通过加强实践教学，触动了最初"本科压缩"型的高等职业教育；第二次改革，开始以"能力为本位"，关注职业需求，指向职业适应能力的培养；而进行中的第三次改革，正在创新性的向形成中国特色的课程模式发展，以培养职业竞争力为导向，加强学生综合职业能力。

这些层层递进的改革成果和教学思想，是高等职业教育者们不断探索与创新的结晶，也充分体现了高职教学理念的转变与发展，是教学改革进一步深化的基石。

1.1.4　教学质量提高

1．实施质量工程

从 2000 年的教育部《关于加强高职高专教育人才培养工作的意见》，到 2006 年的《关于全面提高高等职业教育教学质量的若干意见》（教高[2006]16 号），教育部门关于高等职业教育的关注与意见体现了一个关键词：质量。尤其是 2006 年以来，在全国高等职业教育领域实施质量工程，开展精品课程、人才培养实验区、实践教学中心、教学名师、优秀教学团队等建设，同时，实施示范院校建设工程、高职教师素质提高工程、实践教学基地建设工程等，并在加强素质教育，改革人才培养模式，加大工学结合、校企合作力度，注重教师队伍的"双师"结构，完善教学质量保障体系，规范教学管理等诸多方面，全面推动高职战线整体质量的提升，保证高等职业教育持续健康的发展。

2．开展示范校建设

2005 年 11 月，《国务院关于大力发展职业教育的决定》提出在"十一五"期间实施职业教育示范性院校建设计划，重点建设高水平的以培养高素质技能型专门人才为目标的 100 所示范性高等职业院校。其根本目的在于引领全国高等职业教育的改革和整体质量的提高。

目前，各示范院校在改革、建设、管理等方面已经积累了不少可供借鉴和推广的经验和成果，对于带动全国高职院校加快改革步伐、推进高等职业教育持续健康的发展能够发挥很好的示范和引领作用。

3．组织技能大赛

自 2008 年开始，发展改革委、科技部、信息产业部等部委联合主办，教育部承办了一年一度的高等职业教育技能大赛，旨在通过大赛项目的设计，与高职教学改革和建设相结合，推动深化高职教学改革，培养高技能的精英人才。举办高职院校技能大赛，是对近些年来高等职业教育深入贯彻落实国务院关于大力发展职业教育的方针，深化改革、加快发展所取得的成果的检阅，是高职院校广大师生奋发向上、锐意进取的精神风貌和熟练技能的展示，对于提高办学质量和效益具有重要意义。

1.2　我国高等职业教育的课程改革

伴随着高等职业教育改革力度的持续增加，人们对于课程改革核心地位的认识也逐步统一。经过二十几年的改革发展历程，中国的高等职业教育已经逐步形成自己的特点，就课程目标和功能而言更是经历了三次具有历史意义的改革，而且迄今这一趋势仍在延续。

1.2.1 加强实践教学的第一次课程改革

改革开放、市场经济体制改革和中国经济的快速发展，对高等教育提出培养不同类型人才的需要，构建新的人才培养模式成为高等职业教育课程改革的第一推动力。随着国际上发展高等职业教育的信息和先进经验传入中国，为高等职业教育课程改革提供了重要的学习借鉴基础，使课程改革的实践与理性思考向前迈进了一大步。20世纪90年代以后，在对高等职业教育性质认识的基础上，开始了第一次高等职业教育课程改革。

这一次高等职业教育课程改革从传统的学科体系课程向加强实践教学的改良型学科体系课程转变，典型特征为：第一，理论课程以"必需、够用"为度；第二，进行同类课程的适度整合；第三，加强实践教学，尤其是集中实训环节。

第一次高等职业教育课程改革对本科压缩型的课程进行了有力的冲击，加强了对学生实践能力的培养。但整体看来，基于当时对高等职业教育的认识和受传统学科本位的高等教育影响，课程改革的起点是当时实施的高等专科基于学科体系的课程，改革的结果也没有突破专业的学科体系，仍沿用了基础课、专业基础课和专业课的"三段式"课程结构；改革的成果局限于加强实践教学、增强学生实践能力的层面。所以，从严格意义上来说这次课程改革是一次对传统学科体系课程的改良。

1.2.2 指向职业适应能力培养的第二次改革

在学习借鉴国际职业教育经验的基础上，在教育部和劳动部的推动下，自2001年起，国内职教界的很多专家、学者进行了深入的研究，先后提出了具有我国职业教育特点的课程模式和开发方法，如"宽基础、活模块（KH）"、"多元整合的课程模式"、"实践导向的职业教育课程开发"、"职业能力系统化课程及开发方法（VOCSCUM）"等。力求从根本上解决高等职业教育课程改革的核心问题，从职业分析入手设计课程，实施能力本位的课程方案。

这一次课程改革的共同特点表现在：首先是课程理念的突破，表现在课程设计思想上，从基于学科知识的课程设计转换为基于职业能力的课程设计；在课程设计方法上，从以学科为起点的课程转换为以职业分析为起点的课程。高职课程走出传统的学科体系课程框架的束缚，开始构建以职业能力培养为基础的新课程模式。

然而，由于各种原因，以上课程设计思想和方法还存在不尽人意的地方。一是在对改革的推动方面，还多集中于认识层面和对专业课程体系的调整，科目课程的改革没能深入进行；二是在人才培养上，对职业能力内涵的理解局限于职业适应力，即便提出职业素质和关键能力的培养，其视角也还是侧重于适应职业岗位工作的要求。

1.2.3 以职业竞争力培养为导向的第三次改革

在全球经济一体化，信息技术和自动化技术推动的工业现代化进程中，带来产业结构、职业结构、劳动组织形态的变化，对职业教育培养人才不断提出新的需求，高等职业教育的课程面临新的改革。

2004 年，教育部与劳动部等联合颁发了《职业院校技能型紧缺人才培养培训指导方案》，重点提出"职教课程开发要在一定程度上与工作过程相联系"的课程设计理念，要求学校课程设置要遵循企业实际工作任务开发"工作过程系统化"的课程模式。

2006 年，《教育部财政部关于实施国家示范性高等职业院校建设计划加快高等职业教育改革与发展的意见 》教高［2006］14 号发布，高职示范院校建设工程开始实施。在示范院校建设的核心部分——专业建设与课程改革中，开始试点推广基于工作过程的课程开发。高教司高职高专处领导提出，高职课程要充分体现工学结合的特点，指导思想是：课程设计要基于工作过程，以真实的工作任务或产品为载体来实施课程整体设计。因此，自 2007 年 6 月起教育部多次组织示范校的教师赴德国学习培训，结合示范校的课程改革，开始了基于工作过程课程开发的研究与探索，初步开发了基于工作过程的课程方案。

2008 年度高职高专国家精品课程评选要求中把"与行业、企业合作进行基于工作过程的课程开发与设计"作为高职精品课程评审标准之一。

基于工作过程的课程开发方法源自德国，遵循设计导向的现代职业教育指导思想，赋予了职业能力全新的内涵意义。它不仅打破了传统学科系统化的束缚，而且提升了指向职业适应能力的职业教育课程设计思想，将学习过程、工作过程与学生的能力和个性发展联系起来，在培养目标中强调创造能力（设计能力）的培养，而不仅仅是被动地适应能力的训练。该方法重视创造能力（设计能力）在职业能力构成要素中的重要作用，适用于创新型国家和市场经济对职业人才的要求，成为 21 世纪初最先进的职业教育思想和课程设计方法。

在新一轮高等职业教育课程改革过程中，职业院校不仅要克服传统的学科导向职业教育课程设计思想的影响，更要以先进的职业教育课程设计理念为指导，在学习、借鉴国外先进理念和课程开发方法培养职业适应能力的同时，以职业竞争力为培养目标，创新中国特色的实践-理论一体化课程。

这一次改革的特点是：以能力为本位的高等职业教育在培养目标的能力内涵上得到进一步的发展和提升，以培养职业竞争力为主要目标。高等职业教育不是培养作为"工具"的简单劳动者，而是技术、工作的积极参与者和设计者，他们不仅能够适应职业工作，而且能够主动"设计或建构"自己的工作任务，在工作和职业生涯中成为具有竞争力的人。理念先进，方法科学，但创新具有中国特色的基于工作过程的系统化课程还面临许多困难，达到理想目标还将有一个过程。

1.2.4 高等职业教育三次课程改革的回顾与总结

时至今日，我国高等职业教育的发展已经经历了三次具有历史意义的课程改革。就课程目标和功能而言，每一次改革都有力地推动了高等职业教育的跨越式发展。

然而，三次改革并不存在明显的阶段性特征。事实上，我国高等职业院校的很多专业实施的课程迄今仍处于以第一次改革为主的状态，第二次改革的历史不长，第三次改革的目标在当前示范校建设中又提了出来，这一方面反映出我国高等职业教育改革在不断的深化，也折射出我国经济社会快速发展对职业教育不断提出新的需求。

目前，我国正处于推进第三次高等职业教育课程改革的过程中。因此，在课程改革中，要充分学习、借鉴国际先进的职业教育思想、理念和课程开发方法，但也应注意每一种方法都有其针对性，优势和弱势，限制条件和使用环境；在进行职业分析时，必须首先对培养目标指向的我国高素质技能型人才的综合职业能力及其支撑的知识、能力、素质进行全面的分析，并依据分析结果，吸取各种课程设计方法之所长，以实践-理论一体化课程为主导，以工学结合为途径，建构适应中国国情、具有中国特色的高等职业教育人才培养模式和课程开发方法，形成具有中国特色的高等职业教育课程体系，这应该成为我国高等职业教育课程改革的发展趋势。

1.3 高职课程改革中存在的问题

当前，在教育主管部门引导和推动下，我国高等职业教育教学改革已经取得了很大成绩。然而，由于高等职业教育尚处于改革的过程中，不仅在学习、理解和借鉴国际经验方面，而且在如何与国情结合，构建中国特色的人才培养模式等方面都还存在不少问题，需要进一步加以研究、探索。

1. 专业的导向与经济社会发展状态缺乏深度的吻合

专业是人才培养的基本单元，也是学校与经济社会联系的桥梁，专业的导向就是指专业以什么为导向（宗旨）培养人才。这是高职人才培养的根本问题，其本质是反映人才培养与经济社会发展的关系，即专业的导向与经济社会发展密切相关。高职教学改革历来重视专业建设与经济社会发展的关系，改革的历程也是从知识导向向能力导向发展。然而，对于人才培养的导向性，目前还缺乏与经济社会发展状态的深度吻合，存在的问题主要有：

（1）缺乏对专业导向性的明确目标

一些专业没有提出人才培养的导向性目标或者导向性目标不明确，使课程开发和教学实践都带有一定程度的盲目性。

（2）把课程的导向目标作为专业的导向性目标

一些进行课程改革的导向性目标，如工作过程导向、项目导向、任务导向等，作为专业的导向性目标，使专业建设受到局限。

（3）专业的导向性与经济社会发展缺少密切关系，对人才能力需求的变化缺少敏感度

能力导向充分反映了高等职业教育与经济社会发展和人才需求的关系，高职专业人才培养必须充分体现能力导向。然而随着经济社会的发展，职业对人才的能力在不断地提出新的需求，而现代职业教育的发展，对能力导向已经有了更深刻的认识和更具针对性的提法，以反映能力导向与经济社会发展的不同状态，以及对人才的不同需求。因此，必须深入分析各地区、各行业发展的不同状态和人才需求的不同情况，依据自身发展状态，确定专业人才培养的导向。

2. 人才培养与职业需求在深层次上仍存在偏差

高职课程改革一直向缩小人才培养与职业需求之间差距的目标努力，高职界在认识层面已不存在问题，实践层面的差距也不断地缩小，可以说从理念认识层面到改革实践层面，已经取得了很大的进展。但当前存在的问题是在深层次上人才培养与职业需求之间仍存在偏差，主要表现形式有以下方面：

（1）"职业分析"缺乏行业、企业深度参与

多数专业在进行专业课程体系开发的"职业分析"时仅以调研为主。这实质上是以教师为主导的"职业分析"方式，教师设计调研问卷或调查题目，教师进行数据分析，形成"职业分析"结果，这其中必然蕴含着教师对职业需求的理解。也有不少专业采用更为科学的方法进行职业分析，但在实施过程中缺少规范的操作程序，难于全面准确反映职业的客观需求。

（2）技能培养缺少训练标准

高职教学改革的一个重要环节是增强实践教学，培养学生的一技之长，为此很多专业在实训课程中参照了行业、企业的"技术标准"，这是教学改革的很大进步。但从技术技能培养来说，更需要的应该是"技术训练标准"，而目前对"技术训练标准"的研究还较薄弱，且难于在实践教学中把握，致使实际上很多实训课程在技术掌握的熟练程度层面难于达到设计目标。

（3）工学结合课程尚不具备普遍推广的条件

工学结合是高职教学改革的重要理念，其既指导专业建设，又指导课程改革。工学结合课程本质上是实践-理论一体化课程，目前我们对这类课程规律的认识还较浮浅，支撑环境建设尚不成熟，尤其是教师对这类课程的教学还比较生疏，因此工学结合课程尚不具备普遍推广的条件。

3. 课程开发和教学设计不够精致

高职教学改革的深化往往取决于课程开发和教学设计的精致化。当前，很多学校和专业都有快速推进改革，使高职教学进入先进行列的积极性和良好愿望，但容易忽视对教学改革内涵和所需客观条件的深入分析，其结果往往可能事与愿违，会使改革难于取得预想的效果，或经受时间的考验，甚至退回到原点。这方面的表现主要有：

（1）课程改革存在"泛概念化"倾向

课程改革过程中，重视概念甚至一些名词的引用，忽视对概念内涵的理解，课程改革存在"泛概念化"倾向。如在对国外课程模式和开发方法的引进中，往往急于将其应用在专业课程设计和教学实践中，而忽视对课程模式和开发方法本身的深入理解，以及对国外和国内经济社会发展状态、应用环境和学校条件的对比分析，这实际已经埋下了使改革遇到挫折、甚至可能失败的隐患。

（2）学会工作与打好基础两者关系容易顾此失彼

一般来说高职的专业课程体系可分为两个部分，一部分以培养学生实践和工作能力为主；另一部分要使学生具备必要的专业理论知识。也就是说，一个是打好基础的部分，一个是学会工作的部分。事实上，这两部分应构成一个系统，专业课程体系要通过学会工作的综合能力培养将这两部分统一起来，以基础知识、基本技能支持综合能力培养，达到学会工作的目的。

目前存在的问题是，在改革过程中容易将两者对立起来，或者顾此失彼。强调学会工作，就否定打好基础，甚至"解构"知识体系；反之，强调打好基础，就否定学会工作，甚至回到原来的学科系统；强调两者兼而有之，又难于找到科学的专业课程结构，构建起有特色的专业课程体系。

（3）"职业分析"缺乏优化组织

对于作为课程开发起点的"职业分析"，其重点内容是确定专业的职业领域，适应高职培养的职业岗位，用"典型工作任务"等方式描述职业内容，分析支持职业工作的基础知识和基本技能体系等。目前存在的问题是缺乏对"职业分析"的优化组织，各院校、各专业都在做"职业分析"，即使对同一地区、同一职业，"职业分析"结果也可能全然不同，这种情况不但对人力、物力、财力资源存在重复性的消耗，造成"高投入、低产出"，更重要的是难于通过这样的"职业分析"，达到对职业真实状态的优化逼近，不利于建立规范的资源平台和校际专业之间的资源共享。

（4）对教学实施的困难估计不足

所谓教学实施是指依据课程设计的结果，组织教学实践，将课程设计变成教学活动的过程。教学实施除了考虑必要的教学设计以外，重要的是考虑课程设计结果所需的支撑条件，如师资的高等职业教育教学水平、现代化的设备以及紧密而富有成效的产学合作基础等。当前在教学改革中，有重课程设计、轻教学实施的倾向，或对教学实施的困难估计不足，造成教学实施过程中，由于客观条件不具备，在关键环节上大打折扣，致使改革效果不良。因此，教学改革中"设计"与"实施"两者同样重要，当前情况下后者更重要。

1.4 高职课程改革的指导思想

1. 以高素质技能型专门人才为培养目标

高等职业教育应加强素质教育，强化职业道德，以培养高素质技能型专门人才为目标。高素质技能型专门人才涵盖有三重概念。一是高素质：教育部在教高[2006]16 号文件中也明确提出，高等职业院校要坚持育人为本，德育为先，把立德树人作为根本任务。……要进一步加强思想政治教育，把社会主义核心价值体系融入到高等职业教育人才培养的全过程。要高度重视学生的职业道德教育和法制教育，重视培养学生的诚信品质、敬业精神和责任意识、遵纪守法意识。二是技能型：技能型首先指专业指向的职业岗位是高技能的，学生在校学习期间就应苦练技术技能，掌握职业要求的工作本领。三是专门人才：专门人才主要是指具有专业必备的基础理论与专门知识的人才，职业岗位要求的高技能需要专业支撑，这就要求学生在高中文化基础上，学好专业知识。

2. 以培养职业能力为导向

无论职业适应力还是职业竞争力都是职业能力，具备职业能力是高职专业人才培养的目的，是保证学生就业的基础，所以在高职教学改革中，应以培养学生的职业能力为导向，使学生适应经济社会的发展和职业需求。根据地方经济社会发展的状态，以及学校、学生的实际情况，以职业适应力培养为基础目标，以职业竞争力培养为高级目标。并根据不同的目标，选择合适的专业课程体系及课程模式。

3. 以"职业分析"为课程设计的起点

职业教育课程应该是基于能力而不仅是基于知识的，因此职业教育课程开发的起点是职业分析而非学科分析。通过职业分析，可以明确职业的能力要求，从而围绕能力的培养形成课程体系。

"职业分析"必须遵循科学的方法，由专业组织、行业企业为主体，校企合作进行；"职业分析"要明确定位于对高职专业的职业要求，反映职业对教育的基本需求以及发展需求；职业能力的内容应具有先进性。

长期以来，我国高职的课程设置和开发一直是以教育界为主导来设计培养方案，然而，课程要体现"职业性"，要把提高学生的职业能力放在突出的位置，就必须以企业为主，在课程设计的第一步——职业分析中发挥决定性作用。

在进行职业分析时，必须首先对培养目标指向的我国高素质技能型人才的综合职业能力及其支撑的知识、能力、素质进行全面分析，同时，职业能力的内容也要紧密结合当前的先进技术，使职业能力的培养既满足教育的基本需求，也兼顾学生的发展需求。

4．课程设计方法应体现专业的导向性

课程设计应依据"职业分析"的结果，遵循课程设计方法，以专业教师为主体，校企合作进行；要设计好理论课程、实训课程、实践-理论一体化课程等三类课程，重构新的高等职业教育专业课程体系。

在课程改革中，要充分学习、借鉴国际先进的职业教育思想、理念和课程的开发方法，但也应注意每一种方法都有其针对性、优势和弱势、限制条件和使用环境；在进行课程设计时，应针对专业的不同导向性培养职业适应力，还是培养职业竞争力，或者是两者皆有为导向性目标；并结合不同的课程类型：理论课程、实训课程、实践-理论一体化课程，选择合适的课程设计方法，构建专业课程体系。

5．根据课程类型选择合适的教学方法

根据理论课程、实训课程、实践-理论一体化课程这三种不同的课程类型，改革教学方法，使之适应课程改革的需要。

理论课程要注重启发式的教学方法。温总理在第 21 个教师节向教师们祝贺时指出："提高教育质量第一件事是要贯彻启发式教育方针。"启发式教育的核心就是要培养学生的独立思考和创新思维。

实训课程要贯彻"做中学"的教育理念，采用行动导向的教学方法。教师创设一种仿照实际工作情景的学习环境和气氛，组织和指导学生在完成具体任务的行动中获得知识，掌握技能。

理论-实践一体化课程也要贯彻"做中学"的教育理念，探索并创新适应理论-实践一体化课程的教学方法。

6．改革考试评价形式

将面向知识的考试评价，面向技术、技能的考试评价方法以及面向工作过程的考试评价相配合，不同类型的课程采用不同的考试评价形式。

7．以教材建设为主体的教学资源建设引领课程和教学改革

教材建设要选择有实践经验、专业水平和切实理解高等职业教育的专家级教师领衔教材的建设，校企合作进行；出版社要积极配合，编写一批切实反映改革成果的高水平高职教材，以引导课程和教学改革的全面开展。

8. 重视课程专家的作用

在高等职业教育课程改革过程中，要充分重视课程专家在课程改革中的指导作用，但课程专家要注重将指导性意见融入专业教育中，防止生搬硬套教育理论的形式化指导。

9. 从实际出发，各按步伐、共同前进

不同院校、不同专业要根据自己的实际情况，尤其是教师队伍的情况，制订切实可行的课程和教学改革计划和实施方案，不断推动改革进程，而不统一要求改革进度的一致性。

我国的高等职业教育课程改革和建设存在不平衡性，在我国高等职业教育发展中的三次课程改革过程中，不同地区、不同学校处在不同状态。即使相同专业、相同课程，即便遵循相同的课程理念，采用相同的设计方法，作为结果的人才培养方案也可能有所不同。这就要求在制订课程和教学改革计划和实施方案时，既要有科学性，提出共同的基本要求、改革的基本步骤和建设的基本框架，明确当前的主要任务，指出改革和发展的主流趋势；又要从实际出发，不同院校、不同专业要根据自己的实际情况，制订发展目标和改革计划，使自己在现有的基础上前进。

1.5　课程开发方法创新

贯彻高职课程改革的指导思想，必须建设具有中国特色的人才培养模式。在我们逐步探索形成适合中国国情的、具有中国特色的高等职业教育发展新道路中，也正在形成具有中国特色的、科学的课程开发方法，这是构建高职人才培养模式的重要组成部分，也是各专业教师进行课程设计的重要工具。本书采用的两种课程开发方法，都是在借鉴国际先进职业教育课程开发经验，适应中国国情，并结合中国高等职业教育特点基础上的创新，本书在具体应用这些方法时，也对方法本身进行了深入的研究。

1.5.1　基于职业岗位分析和学期项目主导的课程体系开发方法

基于职业岗位分析和学期项目主导的课程体系开发方法[①]在国家示范校天津职业大学试点实践基础上，先后在北京电子科技职业学院等其他学院相关专业中推广应用，取得了良好的效果。

该方法从两个层面突出了高职课程体系开发的特征：

第一个层面是职业岗位分析。这是课程体系开发的基础，其方法是：对学生将要就

---

① 该方法由天津职业大学电子信息工程学院提出。

业的行业领域进行职业岗位划分，获得适合高职学生就业的职业岗位；分析职业岗位对上岗人员的素质、技能和相关知识的要求，形成对学生进行培养的课程要素。这个层面的分析是以企业工程师为主，教师对工程师的分析起引导作用。

第二个层面是学期项目主导课程体系的设计。所谓学期项目是指每个学期至少选择一个企业真实的工作项目，作为学期综合训练项目，而学期综合训练项目的选择是按照学生素质、技能和知识的积累程度由易到难、由简单到复杂、由初级到综合，即由第一学期学会做企业的简单工作，到第六学期能够作为企业的准员工顶岗实习。这个层面的设计由专职教师和企业工程师共同完成，学期项目由企业工程师提供。

学期项目和职业岗位对上岗人员的素质、技能和相关知识要求之间的关系是：学期项目由相应的素质、技能和相关知识支撑，即学期项目在选择时，先把学生将要就业的岗位对人才的素质、技能和相关知识进行归类，看哪些技能和知识是在没有什么基础的情况下就可以学习的，放在第一学期整合成课程学习，由这些技能、知识再加上素质可以支撑的企业真实项目作为第一学期的学期项目；第二学期是在第一学期能够完成简单学期项目的基础上，再增加一些技能、相关知识和素质整合成的课程进行学习，可以支撑稍微复杂一些的学期项目放在第二学期；第三学期又是在第二学期完成稍微复杂一点的学期项目基础上，再增加一些技能、相关知识和素质整合成的课程学习，可以支撑再复杂一些的学期项目放在第三学期；依此类推。最终，到第六学期学生可以作为企业准员工到企业顶岗实习。

1.5.2 职业竞争力导向的"工作过程-支撑平台系统化课程"开发方法

职业竞争力导向的"工作过程-支撑平台系统化课程"开发方法[①]，与职业竞争力导向的"工作过程-支撑平台系统化课程"模式相互配合，旨在落实课程模式的理念、培养目标、专业课程体系结构和专业课程类型特点等模式要素，指导专业人才培养方案设计和课程开发。该方法结合高职高专电子信息类指导性专业规范，已在几十所高职院校相关专业课程开发中使用。

该模式和课程开发方法有下列主要特征：

1. 职业竞争力导向

专业以职业竞争力为导向，不仅要求毕业生具有能适应工作岗位的能力，还要求学生具有职业竞争力，并给出了职业竞争力的内涵模型。同时，由于我国地域广大、经济发展的不平衡性较强，对职业岗位的从业要求各有不同，专业可以依据地方经济社会发

---

① 该方法由北京联合大学高等技术与职业教育研究所提出。

展实际情况以及对职业岗位的不同要求，调整模型内涵以及在职业适应力和职业竞争力之间的比重，使其适应当地经济社会发展状态。

2．职业分析具有新特点

方法以职业分析为出发点，但又不同于以往首先从职业岗位要求中提取知识点、技能点，容易把知识点、技能点割裂开来的传统中外职业分析方法；同时针对当代德国提出的基于工作过程的职业分析方法，对其容易忽视相对系统的知识和基本技能学习的弊端进行了改进。方法提出了将两者结合起来，先从职业岗位要求中整体性提取典型工作任务，再从中分析出所需的相对系统的知识和基本技能，形成支撑平台课程。

3．提出专业课程体系的基本结构

模式认为高职专业课程体系可遵循三类基本结构，分别称为高职专业课程体系结构Ⅰ、Ⅱ和Ⅲ。因此，这三个基本结构就成为指导高职专业人才培养方案设计，尤其是教学计划制订的重要依据。

4．提出科目课程的三种基本类型

模式认为高职专业课程可分为三种基本类型，分别为相对系统的专业知识性课程、基本技术技能的训练性实践课程、理论-实践一体化的学习领域课程。这三种基本类型可以指导每一门科目课程的设计。

5．把获取职业证书融入课程设计

模式坚持"双证书"的基本设计思想，把中国高等教育中传统的学历证书（大专）与国际职业教育通常颁发职业资格证书的做法结合起来，落实于课程设计中，这样既有利于学生的就业，又有利于他们今后的升学深造。

6．提出各按步伐、共同前进的课程开发实施方针

模式坚持各按步伐、共同前进的课程开发实施方针，依据区域或行业经济社会发展实际对人才的不同要求，也依据学校教学建设基本能力的不同状态，实事求是地进行课程开发，课程开发的方法充分体现了实施的灵活性。

7．借鉴各国先进职业教育的思想，适应国情，体现中国特色

国家的经济社会发展状态决定教育结构，因此一些发达国家的职业教育发展较早，具有先进性，我国高等职业教育发展需要以开放的姿态，学习借鉴他们的先进经验。另一方面，各国的文化历史传统不同，往往又影响到职业教育特点的形成。基于以上原因，这里提出的职业竞争力导向的"工作过程-支撑平台系统化课程"模式和开发方法是在借鉴各国先进职业教育思想的基础上，充分考虑中国的国情，体现中国特色的课程模式和开发方法。

1.6 本书结构说明及基本概念界定

1.6.1 本书结构

本书是针对我国高等职业教育计算机类专业和非计算机专业的计算机基础教育进行课程改革的指导性规范，不是泛泛的高等职业教育理论的探讨，而是面对实际，针对目前和今后一个时期内我国高职计算机教育改革的需要，提出一个带有指导性的高等职业教育计算机类专业和非计算机专业的计算机基础课程改革的实施方案。

本书的专业课程体系及课程开发包括两个方面：一是高等职业教育计算机类各专业的课程体系开发；二是高等职业教育中非计算机专业的计算机基础课程开发。

（1）高等职业教育计算机类各专业的课程体系

针对"高等职业教育计算机类各专业的课程体系"的开发，本书采用了我国自行研制的两个高职课程开发方法，一个是天津职业大学电子信息工程学院提出的基于岗位分析和学期项目主导的课程体系开发方法；另一个是由北京联合大学高等技术与职业教育研究所提出的职业竞争力导向的"工作过程-支撑平台系统化课程"模式和课程开发方法，两个课程开发方法在高职课程改革的总体方向上有很多共同之处，但又各具特色。本书结合课题将其用于计算机类专业领域课程开发，进行了进一步的创新性实践研究，并分别给出了具体的开发方案和参考案例：

① 基于岗位分析和学期项目主导的课程体系开发方法。参考案例：

- 嵌入式技术与应用专业。
- 计算机网络技术专业。
- 计算机信息管理专业。
- 软件技术专业（欧美服务外包方向）。

② 职业竞争力导向的"工作过程-支撑平台系统化课程"模式和课程开发方法。参考案例：

- 计算机信息管理专业。
- 软件技术专业。

（2）非计算机专业计算机基础课程

针对"非计算机专业计算机基础课程"的开发，本书结合具体课程介绍了详细的开发方法，包括：

- 计算机应用基础。
- 程序设计技术——C 程序设计。
- 数据处理与应用（基于 MS Excel）。
- 网页设计与制作。

- 多媒体技术应用。
- 计算机组装与维护。

本书的结构图如图1-1所示。

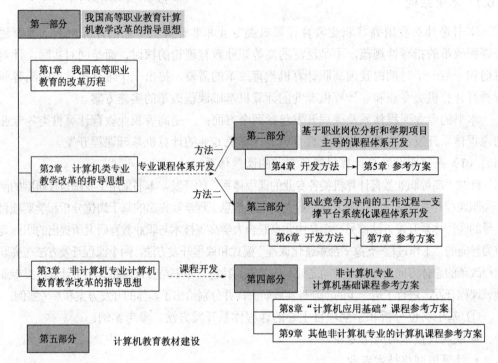

图1-1　本书结构的说明

1.6.2　基本概念界定

1. 课程

课程是将宏观的教育理论和微观的教学实践联系起来的一座桥梁，是实现培养目标的重要手段，是学校一切教育和教学活动的核心。对于课程的定义，不同的学者给出了不同方面的解释，主要包括：

- 课程是一种针对教育教学活动进行的总体设计方案。
- 课程是把课程方案设计和教学活动联系起来的一个课程系统。
- 课程是实现培养目标的手段和途径之一。
- 课程是一个与时俱进的动态过程。

每种课程的定义都有一定的指向性，对于教育工作者，关注课程定义的主要任务不是要找到某个最全面的解释，而是分析出各种定义所要解决的问题，从而根据实践要求运用课程的本质内涵指导工作。

2．职业能力的内部体系结构

职业能力的内部体系结构包括通用能力、职业基本能力和职业核心能力，这三者之间的关系如图1-2所示。

① 通用能力：通用能力是一个人在现代社会中生存、生活，从事职业活动和实现全面发展的主观条件，包括与人交流、数字应用、自我学习、信息处理、与人合作、分析和解决问题、创新和外语应用能力，是从事任何职业和工作都需要的生活和工作的能力。通用能力

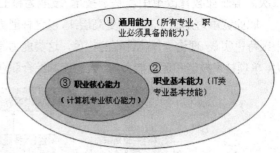

图1-2　职业能力模型图

（或称可携带的能力 portable skills）也是一种普遍的、可迁移的对从业人员的职业发展起重要作用的能力。

在知识经济环境下，劳动力市场变化迅速，尤其是计算机领域，技术的快速更新，使从业者常常需要在劳动力市场有效、灵活地更换工作，变换工作岗位，寻求新的发展机会。通用能力正是适应了职业流动性和职业生涯发展的需要，在计算机类专业的高等职业教育中起了十分重要的作用。

② 职业基本能力：职业基本能力涵盖一个行业或一组相关的岗位群，是在这些领域工作需要的、比较基本的能力。

计算机类专业高职的职业基本能力是在计算机领域从事计算机硬件、软件和信息服务、计算机系统、数据处理、计算机维修、基础软件、应用软件等工作所需要的基本能力。学生掌握了这些基本能力，需要时可以在计算机技术应用行业迁移工作岗位。计算机类专业高等职业教育的职业基本能力主要包括程序设计、数据库应用、网络技术、操作系统应用、多媒体技术应用、信息技术应用等能力。

③ 职业核心能力：指从事某岗位或某几个岗位工作所必需的、特定的、缺之不可上岗的能力。职业核心能力是职业业务范围内的、岗位需要的专门技术技能熟练应用能力，是能力结构中的重要、要害能力，不可缺的能力，是上岗的必要能力。

计算机类专业的职业核心能力针对专业各有不同，例如软件专业的职业核心能力有：程序设计能力、软件测试能力等；计算机信息管理专业的职业核心能力有：信息系统的实施、运行、管理和维护等能力。

3．职业能力的外在表现形态

职业能力的外在表现形态有两个层次：职业适应能力和职业竞争力。

职业适应能力是职业能力的基本层次要求，它主要表现在对职业技能进行分解，强调学生对知识点和能力点的掌握和基本的素质要求。这种能力的培养出现在前文所述第二次高等职业教育改革中，基于技术-技能为核心的职业能力系统化课程改革。

职业竞争力是职业能力的更高层次，以这种能力为培养导向是第三次课程改革——创新中国特色实践-理论一体化课程的特色，这类能力具体体现在支撑性理论知识和逻辑思维能力、单项技术技能和运用能力、个人态度和综合职业能力。其模型及各自内涵如图 1-3 所示。

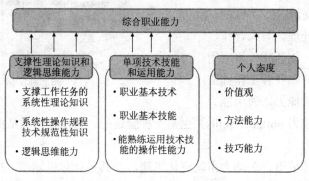

图 1-3　职业竞争力模型

① 支撑性理论知识和逻辑思维能力。这一能力包括支撑工作任务的系统性理论知识、系统性操作规程技术规范性知识和逻辑思维能力。

② 单项技术技能和运用能力。这一能力包括职业基本技术、职业基本技能和能熟练运用技术技能的操作性能力。

③ 个人态度。个人态度包括个人价值取向、社会态度、方法能力和技巧能力等。其中价值观包括科学、发展、责任、义务、诚信、修养等；方法能力包括语言文字能力、信息处理能力、数字应用能力、创新创意能力等；技巧能力包括自我学习能力、与人交流能力、与人合作能力和解决问题能力。

④ 综合职业能力。这一能力包括：

• 职业工作能力：即完成一项整体性工作任务的能力，问题解决的能力。

• 职业发展能力：任务组织、优化能力和一定的职业迁移能力和工作中把握机遇的能力。

• 职业创新能力：对工作的批判性反思、技术的创新等方面的能力。

第 2 章　计算机类专业教学改革的指导思想

信息技术的迅猛发展改变了世界，改变了人类，也改变了社会生活的各个领域。计算机技术及其应用渗透到了社会的各个领域、所有行业，计算机产业也形成了一个巨大的产业链。社会对计算机类的人才呈现多元化、多层次的需求，其中高素质技能型专门人才是其中的重要组成部分。因此，几乎所有高职院校都开设了计算机和信息技术类课程，这是完全必要的，是符合我国知识发展需要的。

本章通过计算机技术及其应用对高等职业教育的人才需求分析，计算机产业发展对高等职业教育的人才需求分析，以及我国计算机类教育与培训的职业资格证书分析，提出计算机类专业高等职业教育的人才培养目标和计算机类专业教学改革的指导思想。

2.1　计算机与信息技术产业现状

在计算机与信息技术产业飞速发展的时代，信息化关系到经济、社会、文化、政治和国家的全局，已成为未来发展的战略制高点，信息化水平是衡量一个国家和地区的国际竞争力、现代化程度、综合国力和经济成长能力的重要标志。

信息科学和信息技术的发展推动信息产业及其应用的发展，使信息成为重要的生产要素和战略资源，信息技术成为先进生产力的代表，信息产业成为现代产业的带头产业，使人类得以跨越工业时代进入信息时代。

"十五"期间，各行业对信息化建设和应用信息技术改造传统产业的认识水平不断提高，信息技术、计算机技术融入传统产业技术改造和产品升级的过程当中，已经成为推动重点行业产业结构调整的重要力量；信息产业和传统产业之间融合和互动趋势更加明显，传统产业的信息化改造为我国信息产业的发展提供了广阔的市场空间。主要表现在，重点行业信息技术、计算机技术应用成效显著。例如，电力、石化、冶金、机械、建材等传统行业信息技术应用进展迅速，工艺技术和装备信息化水平明显提高。

1. 信息技术应用领域

信息技术的应用领域主要包括基础技术、主体技术和应用技术三个方面，具体内容为：

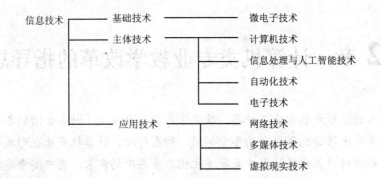

2．信息产业

受信息技术推动形成的信息产业主要有：

- IC 制造业。
- 信息基础设施建设业。
- 信息产品制造业。
- 软件业。
- 信息系统集成业。
- 信息咨询服务业。

3．信息技术应用

信息技术应用于人类经济社会生活各个方面，可以概括如下：

- 信息技术对传统工业、农业的改造。
- 信息技术对各行各业传统工作、生活方式的改造。
- 信息技术对科技研究和发展方式的改造。
- MIS 及其他应用信息系统。
- 电子政务。
- 电子商务。
- 网络经济。

2.2　我国计算机类教育与培训的职业资格证书分析

由于计算机产业的迅猛发展和对人才的大量需求,目前在国内计算机职业资格认证市场上,出现了品种繁多的各类培训及职业资格认证,既有国家劳动和社会保障部、人事部等政府部门的认证,又有计算机行业组织的资格认证,还有国际认证,下面分别列出其中的几类。

1．国家职业资格证书

国家职业资格证书分为五个等级,即初级（国家职业资格五级）、中级（国家职业资格四级）、高级（国家职业资格三级）、技师（国家职业资格二级）、高级技师（国家职业资格一级）。职业资格证书由中华人民共和国劳动和社会保障部统一印制，劳动保障部门或国务院有关部门按规定办理和核发。计算机类的资格证书所涵盖的职业包括计算机操作员、计算机维修员、图形图像设计员、多媒体作品制作员、程序设计员、网络管理员等。

2. 全国计算机软件专业技术资格和水平考试

从 1990 年 2 月起，国家人事部将这项考试作为计算机应用软件人员专业技术任职资格的凭证，在全国首次实行以考代评。国家人事部和信息产业部计算机软件人员考试中心对计算机的应用软件人员分初级程序员级、程序员级、高级程序员级和系统分析员四个级别实行全国统一考试。

报名条件：资格考试的参加者需要有一定的资历或学历条件，报考时需要有本单位认可；水平考试参加者不限资力和学历。证书获得：由国家人事部和信息产业部颁发专业技术资格证书。水平考试合格者由信息产业部颁发专业技术水平证书。以上两种证书全国有效。

3. 全国计算机等级考试（教育部考试中心）

全国计算机等级考试（National Computer Rank Examination，NCRE）是国家教委从 1994 年开始向社会推出的、主要为非高等学校在校学生参加的、用于测试对计算机应用知识掌握程度和上机实际操作能力的考试。考试分为一级、二级、三级和四级。考试通过者由国家教育部考试中心颁发合格证书。此项考试通过率比软件人员水平考试要高得多。

报名条件：年龄、职业、学历不限，在职人员、待业人员均可，但一次只能报考一个等级；证书全国通用，是持有人计算机应用能力的证明，也可供用人部门和考核工作人员时参考。

4. 全国计算机及信息高新技术培训考试（劳动和社会保障部职业技能鉴定中心）

劳动部 1996 年 19 号文件宣布在全国范围开展计算机及信息高新技术考试。该活动由劳动部的国家职业技能鉴定中心组织实施。

该考试重在考核考生对计算机软件的实际应用能力，旨在培养具有计算机操作能力的普通工作者。本项考试的另一个突出的特点是公开试题卷和标准答案。考试采用标准化的模块考试结构，具体可分为数据库，速记，办公应用，网络操作，多媒体应用技术，计算机财务管理，PC 的组装、调试、维修等。

计算机及信息高新技术考试分三个级别：初级、中级和高级。初级又称为通用级，旨在考核应试者的实际操作能力；中级可称为专家级，要求应用操作和理论知识并重，既有笔试又考实际操作；高级又称为导师级，考生需要进行论文答辩。考试报名采取在社会上公开报名的方法，对成绩合格者由劳动部职业技能鉴定中心发给相应的证书。

5. 计算机应用水平测试（教育部考试中心）

在国家教委组织全国计算机等级考试的同时，很多省市也组织了相应的考试。例如，北京市高等教育局组织的北京地区"普通高等学校非计算机专业学生计算机应用水平测试"，已成为北京地区在校大学生参加人数较多、影响较大的计算机证书考试。由于水平测试难度适中，且与教学联系紧密，因此很多高校把水平测试的成绩作为学生期末或结业考试的成绩。水平测试推动了各省市普通高校非计算机专业的计算机教育，促进了各校计算机课程的教学改革，在一定程度上规范了各专业的计算机课程和教学内容。

6. 计算机综合应用能力考核全球标准认证 IC^3（微软办公软件全球认证中心）

计算机综合应用能力考核全球标准认证（Internet and Computing Core Certification, IC^3），是由微软办公软件全球认证中心推出的。它建立了全球认可的计算机应用知识与操作技能的权威评价标准，是世界上首张针对计算机和网络基本技能的认证。

IC^3 国际标准由来自 20 多个国家的产业界、教育界和 IT 领域专家通力合作所建立，这套标准不仅被国际众多知名院校所接受，同时还获得了包括政府、企业界、主要行业和学术机构的广泛认可和支持。该标准还根据信息技术的发展和市场的变化定期更新，保证了其一直持续有效。

IC^3 国际标准涵盖了由 271 项单项能力组成的现代信息化环境中各行业工作人员所必须具备的计算机核心应用能力。教学和考核内容主要由计算机基本原理、常用软件关键技能和网络应用与安全三部分组成。学员全部通过 IC^3 三个科目的考核后，可以取得相应的国际认证证书；对于只通过单科的学员，将获取通过该科目的相应证明。

7. 国外著名的计算机公司组织的计算机证书考试

目前，除了国内政府机构组织的考试外，一些国外著名的计算机公司组织的计算机证书考试在社会上也有一定的影响力和吸引力。比较知名的有：Novell 公司组织的 Novell 授权工程师证书（CNE）考试、微软公司组织的微软专家认证考试和 Oracle 大学证书等。此类考试之所以对人们有如此大的吸引力是由于这些公司在计算机行业有着举足轻重的地位。如 Microsoft 公司是世界上第一大软件公司、Novell 公司为全球最大的网络软件公司。

计算机类职业资格证书，对推动我国计算机事业的发展发挥了重要的作用，但也存在一些问题：

（1）职业资格证书种类繁杂，没有统一的标准

我国各部委，例如教育部、信息产业部、劳动和社会保障部等都推出了计算机类职业资格考试系列，还有国内外许多大型企业也开展了职业资格认证。在数量上已很难统计出有多少种考试，而且也没有统一的标准。

（2）有些职业资格认证不能体现考生的真实水平

有些职业资格认证偏重理论，没有或很少对实践部分进行考核，很难体现考生的真实能力。

结合高等职业教育职业资格证书存在的问题有：

① 针对性不强。虽然大多数职业资格考试面向社会，但并不完全适合高职学生。

② 有些考试比较注重理论知识，实践技能方面内容较少，这与高等职业教育实行的"理论知识必须够用，加强实践环节"的教学理念有矛盾。

③ 考试的范围和内容与高职计算机专业培养目标所决定的课程设置有一定不同。

④ 国外企业认证考试尽管有极大的吸引力，但通过高职教育去实施有一定困难。

2.3 计算机发展对高等职业教育的人才需求分析

通过对计算机技术在我国传统行业中的应用、取得的成果以及发展目标的分析，可以看到计算机技术对于各个行业的发展起着非常重要的作用，计算机已经形成一个产业，也形成了特定的人才需求。

2.3.1 计算机技术及其应用人才需求分析

计算机的发展很大程度上要依赖于掌握计算机技术的高素质技能型专门人才。通过国家统计局的行业分类标准以及基于计算机市场的计算机行业分类，可以获得计算机行业的工作需求以及该行业所对应的职位需求，进而以此为依据培养满足计算机行业职位需求和工作需求的计算机人才。

1. 计算机市场职位需求分析

计算机市场的需求决定着对计算机人才能力与素质等方面的具体要求。根据计算机市场中的行业和职位分析，可得出如图 2-1 所示的计算机市场职位需求分析结构图。

与之相对应的职位包括首席技术官 CTO/首席信息官 CIO、技术总监/经理、高级软件工程师、软件工程师、高级硬件工程师、硬件工程师、软件测试、硬件测试、网站运营管理、系统管理员、网络管理员、互联网软件开发工程师、网络工程师、网络与信息安全工程师、信息技术管理/主管、信息技术专员、网页设计/制作、网站编辑、游戏设计/开发、技术支持/维护经理、技术支持/维护工程师、质量工程师、系统工程师、系统分析师/架构师、数据库开发工程师、数据库管理员、ERP 技术/开发应用、研发工程师、项目经理/主管、产品经理/主管、语音/视频/图形工程师等。

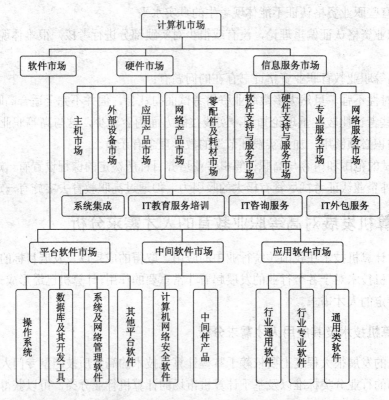

图 2-1　计算机市场职位需求分析图

注：资料来源：信息产业部关于计算机市场构成的报告。

2. 计算机行业工作内容分析

根据我国国家统计局对行业的分类，计算机（IT）领域所涉及的行业包含在"信息传输、计算机服务和软件业"大类里，进一步的行业细分、所从事的工作及所需技术如表 2-1 所示。

表 2-1　计算机（IT 领域）行业分类与工作需求

计算机服务业	计算机系统服务	提供计算机系统的设计、集成、安装等方面的服务。包括：办公用计算机系统的设计、集成、安装、调试和管理；生产及其他专业用计算机系统的设计、集成、安装、调试和管理；计算机机房的设计、安装、调试和管理；其他计算机系统的设计、集成、安装、调试和管理
	数据处理	为用户提供数据的录入、加工、存储等方面的服务，以及使用用户指定的软件加工数据，并将结果返回给用户的活动。包括：为客户提供数据录入、处理、加工等服务的各类计算中心（站）、公司的活动；其他未列明的数据处理活动
	计算机维修	对计算机硬件及系统环境的维护和修理服务。包括：对计算机系统进行维护；为计算机系统排除故障；计算机硬件维修
	其他计算机服务	计算机咨询和其他未列明的计算机服务。包括：为客户提供计算机使用，并配有技术人员指导和管理的服务活动；为客户提供计算机上网场所（如网吧）的管理；计算机咨询及其他未列明的计算机服务

软件业	公共软件服务	基础软件服务	为一般计算机用户提供的软件设计、编制、分析及测试等服务。包括：系统软件服务；数据库软件服务；网络管理软件服务；安全及防病毒软件服务；工具软件服务；数据库管理软件；通用软件：办公、图像处理、视听制作、游戏等软件；其他未列明的基础软件的服务
		应用软件服务	为专业领域使用计算机的用户提供软件服务，以及提供给最终用户的产品中的软件（嵌入式软件）服务。包括：行业应用软件服务，如财务、审计、税务、统计、金融、证券、通信、能源、工业控制、交通等软件服务；语言处理软件服务，如信息检索、文本处理、语音应用、词典、语料库、语言翻译等软件服务；嵌入式软件服务（含家电、手机、程控交换机、基站等）；其他未列明的应用软件的服务
	其他软件服务		为特定客户提供的软件服务，以及与软件有关的咨询等活动。包括：为满足顾客特殊需要，而提供的软件服务；软件的咨询活动；其他未列明的软件服务（如为软件提供售后培训等活动）

注：资料来源：中华人民共和国国家统计局（http://www.stats.gov.cn/tjbz/hyflbz/）

3. 计算机行业人才数量需求分析

长时间以来，社会对计算机人才的需求呈金字塔结构。例如，教育部关于紧缺人才的报告称，到 2005 年，我国需要高级软件人才 6 万人，中级软件人才 28 万人，初级软件人才 46 万人，如图 2-2 所示。但是，实际的人才供应情况还不能完全满足社会的人才需求。表现在软件从业人员近 80 万人，其中专业人才约有 50 万人（其中，高级人才 10 万人，中级人才 25 万人，初级人才 15 万人）。人才结构呈两头小中间大的橄榄形结构，不仅缺乏高层次的系统分析员、项目总设计师，也缺少大量的从事基础性软件开发人员，如图 2-3 所示。根据国际经验，软件人才高、中、初之比为 1:4:7。

通过上述分析，我们可以看到计算机人才的需求和供给还存在着偏差。要使学生就业满足社会需求，计算机人才培养应当与社会需求相匹配，即人才培养结构也应当是金字塔结构。

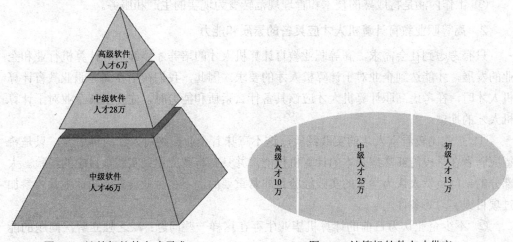

图 2-2　计算机软件人才需求　　　　　　图 2-3　计算机软件人才供应

2.3.2 计算机技术及其应用对高等职业教育人才的需求分析

随着计算机技术及其应用在各行业的普及和发展，社会对各层次计算机类人才的需求呈上升趋势。其中，高等职业教育计算机技术人才占很大比例。计算机技术已成为高素质技能型专门人才必须掌握的技能。下文将从高职计算机人才的培养目标、学生应具备的素质和能力等方面对高职计算机人才的需求进行分析。

1. 高等职业教育计算机人才培养目标

国家的教育培养目标对于高等职业教育计算机人才培养是适用的，即要培养有理想、有道德、有文化、有纪律的社会主义建设者。

具体到高等职业教育，其培养目标不是固定不变的，是随着科学技术的发展和社会需求的变化而产生相应的变化。我国各个历史时期都有对高等职业教育培养目标的阐述，它的内涵在不断丰富，不断明确。例如，1995 年 8 月国家教委在北京召开全国高等职业技术教育研讨会提出：高等职业教育的培养目标是在生产服务第一线工作的高层次实用人才。这类人才的主要作用是将已经成熟的技术和管理规范变成现实的生产和服务，在第一线从事管理和运用工作。2006 年，教育部发布教高[2006]16 号文件中提出高等职业教育“要全面贯彻党的教育方针，以服务为宗旨，以就业为导向，走产学结合发展道路，为社会主义现代化建设培养千百万高素质技能型专门人才，为全面建设小康社会、构建社会主义和谐社会做出应有的贡献。”无论是哪一时期提出的培养目标，从总体上看是基本一致的。可将它归结为以下几点：

① 人才类型是应用型、实用型和职业型。

② 工作场合是基层部门、生产一线和工作现场。

③ 工作内涵是将成熟的技术和管理规范转变为现实的生产和服务。

2. 高等职业教育计算机人才应具备的素质和能力

只有考虑到社会需求，高等职业教育计算机人才的培养才能够适应计算机行业和企业的发展，才能达到企业对于计算机人才的要求。因此，我们在培养高等职业教育计算机人才时，在考虑高职计算机人才应该具备什么素质和能力时，先要了解企业对于计算机人才的期望：

① 企业比较看重人才的实践经验，这不意味着企业拒绝对人才的再培养，只是希望应聘者在学校能够掌握基本的计算机技能，并具有将其应用到实践项目中的经验。大部分的部门负责人认为学生的实践经验是非常重要的。不少企业会参考毕业生是否参加过项目或实习等条件。

② 不少企业认为目前的计算机毕业生存在这样一些问题：缺乏独立解决问题的能力；对工具和方法的应用不熟、经验不足；责任心和纪律性不强；价值取向和对职业

生涯的规划不成熟；外语能力欠缺；缺乏基本的抽象分析问题能力；承受压力的能力不足。

③ 企业认为毕业生仅仅掌握计算机技术知识是完全不够的，重要的是要有一种综合的素质和能力。企业在选择应聘者时，考虑的条件依次是持续学习能力、独立解决问题的能力、沟通能力、职业道德和责任心、参加过项目或者实习、团队合作意识、学习成绩。

对于高职计算机人才，首先应当具备高职学生应有的基本素质，即除了一般大学生所具备的素质外，还要有作为高级应用型人才所特别具备的以创新精神和实践能力为重点的素质。表现在下面几个方面：

① 思想素质。在思想上不但需要活跃新颖的思辨能力，热情缜密的思考能力，还特别需要将理论与实际相结合的思想能力。

② 政治素质。应当具有爱国主义精神、民族主义精神，应当是有政治理想的社会主义新人。

③ 道德素质。不仅应具备当代公民的社会公德品质、个人道德品质，还应特别强化职业道德品质。作为高级应用型人才，要面对艰苦而具体的工作，更需要良好的职业道德。

④ 法律素质。对现代社会的法制建设必须具有在思想上和行为上的认同和遵循，不但是遵纪守法的好公民、好员工，而且应是具备现代法律意识和一定法律应用能力的新人。

⑤ 专业素质。专业不等于职业，但做好一项职业却必须具有好的专业素质。高职学生对所学的专业必须有适用宽度的基础知识和一定深度的较强的应用技能。

⑥ 科学素质和工程素质。虽然其主要特长不在于研究能力，但也必须具有科学的工作态度和方法，正确地思考实践中的问题并提出行之有效的解决办法。至于工程素质，则是高职学生应当着重培养的素质之一。

⑦ 信息素质。其主要是收集、掌握、整理、分析现代信息的能力。不仅需要掌握计算机、网络等现代信息工具的运用，还需要掌握处理信息的基本理论方法，如统计、会计、调查研究、数学建模等能力。

⑧ 管理素质。大量的基层管理工作正需要具有管理能力的高级应用型人才，同时也是这类人才本身发展的需要。

⑨ 心理素质和身体素质。由于面对的是基层性和专业性特点的工作，没有良好的心理素质和身体素质是无法胜任的。

⑩ 创新素质。创新是当代人才最重要的素质。在广泛的一线实际工作中，应当也最有可能运用自己的聪明才智，进行发明创造，为所在的企业或组织产生效益。

⑪ 人文素质。其包括合作能力、听说读写能力、人际交往能力。这些能力涵盖了收集处理信息的能力、获取新知识的能力、分析和解决问题的能力、语言文字表达的能力、团结协作和社会活动的能力，以及对民族文化和历史精神的理解与秉承。

除了基本素质，结合企业对计算机人才的期望和高等职业教育本身的特点，还应当重点培养计算机高职学生以下能力：

① 具有计算机行业的职业竞争能力。

② 具备基本的计算机专业基础知识，并在此基础上具备自学的能力和持续学习的能力。

③ 具备独立思考问题的能力，要具备在各种复杂情况下能够独立搜集信息、分析情势并从中获取所需的能力。

④ 具有一定的实践经验和在实践中解决问题的能力。要把理论知识在实践中加以应用，使理论知识能与实践相结合。

⑤ 具有一定的沟通能力和团队合作意识。

2.4 计算机类专业高等职业教育人才培养的现状及问题

针对目前计算机产业对人才培养的需求，高等职业教育应培养计算机专业的高素质技能型专门人才。然而，在目前的高等职业教育计算机类专业的人才培养中，存在着一系列问题，导致无法围绕这一核心目标，培养真正符合产业和行业需求的计算机人才。

1. 人才培养的规格不明确

高职教育对计算机专业人才培养规格的不明确，主要体现在职业岗位典型工作任务不明确，支撑工作任务所需的知识点、技能点不明确这三个方面：

① 职业岗位的典型工作任务不明确。作为课程设计起点的 "职业分析"，其最重要的起始步骤是开发 "典型工作任务"。典型工作任务的开发是有一定难度的，尤其是我国发展中大国的国情，一个学校一个专业提取典型工作任务很难具有代表性，需要政府、行业、企业和专业学校的共同合作，开发出一套确实可以逼近职业真实状态的 "典型工作任务" 体系，作为高职专业课程设计的统一资源平台。目前，在高职计算机类专业中，尚没有形成比较规范的典型工作任务系统，更没有规范的典型工作任务训练环境，造成了培养结果与企业工作需要的吻合度降低。

② 支撑工作任务所需的技能点不明确，更没有进而分析归纳出行业所需的基本技术技能要求。计算机技术应用和计算机产业人才市场需求，是计算机类专业人才培养的出发点，因此应该从行业的角度出发，以支撑工作任务所需的技能点为基础，总结出计算机类专业所需培养人才的基本技术技能，尤其是缺少对技能要求的标准制订，导致各

个高职院校培养的随意性大，造成在培养过程中训练时间、方法和方式的不规范，最终导致实训课程体系的不规范。技能训练是以训练的平均重复次数或平均时间等量化标准为标志的，因此必须科学地制订技能训练的标准，才能真正提高实训课程的质量。

③ 支撑工作任务所需的知识点不明确。目前，高等职业教育计算机类专业教学，尤其是基础性课程，大多仍然选用传统的课程来组织和呈现，知识点的选择偏重于学科性的概念和方法等，与工作过程所需的知识相关性小，与正在开发设计的，从典型工作任务转换而来的学习领域课程缺少整体性的联系。可见，这些知识点的组织，并没有从工作的角度考虑在企业中学生需要用到哪些内容，脱离了学生在实际工作中的应用需求。

2．有中国特色的课程开发和教学设计有待完善和经受实践的检验

课程改革包括专业课程体系设计和科目课程开发，在这方面计算机类专业一直非常活跃，改革的探索涉及面较大，参与的教师较多，提出的课程改革方案也最多，但与改革的要求相比，还有较大差距，创新的力度还需加大，有中国特色的课程开发和教学设计有待完善和经受实践的检验。

在教材建设方面，伴随着计算机行业和计算机专业教育的迅猛发展，市场上也涌现了层出不穷的计算机专业教材。这些不同品种的教材各有千秋，其中也不乏内容和形式俱佳的好作品。然而，其中的大多数教材，还是因循了传统的教学理念和思想，以知识体系来组织教学内容，而不是以培养综合职业能力，甚至单项职业能力来组织，与行业、企业的需求衔接不紧密，没有体现出企业对学生实际能力的需求。有一部分教材在教学改革的推动下，在教材编写上进行积极的努力和尝试，一定程度上体现出了改革的意识。然而，真正能够在这些大量的计算机教材中脱颖而出，代表计算机教学改革方向的高水平、引领性教材还非常缺乏。

3．认证繁多，缺乏规范

计算机行业的不断发展和新领域的不断涌现，各级各类计算机考试认证也应运而生，其中既有国家政府部门的认证，又有计算机行业组织的资格认证，还有国际知名 IT 企业组织的相关认证。这些认证由不同组织管理，面向不同人群，适应不同市场需求，导致初涉该领域的从业者茫然不知所措，甚至可能会出现拿着某一个证书，应聘不相关领域和职位的局面。

尤其对于高职计算机类专业的学生而言，哪些证书是代表了高职的水平和培养目标，符合企业对高职学生的要求，这些都尚不明确。同时，国家对这些证书没有统一的管理和梳理，证书繁多但各自为政，没有通用性和对应性，也是目前证书繁多而缺乏规范的表现之一。

4．双师型教师的培养途径要多样化

高等职业教育的特点对教师提出了"双师型"的要求，这也成为目前评价高职院校办学水平和师资力量的重要标准之一。

目前，双师型教师的培养途径主要通过培训。通过集中培训或项目训练，取得双师型教师的证书之后，就成为所谓"双师"，而这样培养出来的教师，本质上并不具备真正的双师教师所具有的课程开发能力。

在另外的培养途径中，或者将教师送往国外或企业进行长期培训，或者学校从企业直接引进技术人员。这些途径或者会造成教师的培养周期太长，影响正常教学；或者是技术人员缺乏教师的必要素质，影响教学效果。

因此，从目前的双师教师培养模式来看，并没有从整体上真正有效培养高水平双师型教师的解决途径。

2.5 计算机类专业教学改革的指导思想

计算机是技术密集、技术更新快、发展快的产业，针对产业需要，计算机类专业的教学改革以高素质技能型专门人才为培养目标，以培养职业能力为导向，以职业分析为起点，构建职业能力导向、实践-理论一体化课程为主导的课程体系，课程专家指导、教材引领、专业教师为主体、校企合作深入课程建设与改革，不同高职院校从实际出发，各按步伐共同前进。

1．加强课程改革的基础性建设工作

针对目前高等职业教育中人才培养规格不明确的问题，通过设置课题或教学改革项目，加强学校之间以及学校与行业企业之间的合作，进行共同的"职业分析"研究，注重解决四个方面的问题：专业所对应的计算机技术涉及的应用领域及适应高职毕业生的职业岗位；职业岗位相应的典型工作任务体系；典型工作任务所需支撑的专业理论知识和基本技术技能；专业理论知识中的与工作有相关性的知识点分析和基本技术技能的训练标准制订。

2．教学模式和课程开发方法

计算机类专业教学改革的第二个问题是选择好的教学模式和课程开发方法，并结合计算机类专业的实际问题，开发和设计人才培养的方案。

从 2006 年左右随着质量工程和示范校建设，开始的新一轮教学改革，从学习德国基于工作过程课程开发的经验，到有中国特色的课程开发探索；从单纯模仿学习领域课程设计，到建构本土化专业课程体系，这些在探索中不断深化、改革和前进，有成绩、经验，也有不足。在教学模式和课程开发方法方面，当前需要解决的主要问题有：首先

应明确中国特色高职专业建设的导向性，德国的"设计导向"是在德国国情下产生的，要研究中国经济社会发展所需高职人才的特点，以明确当前中国高职专业建设的导向性；专业课程体系设计仍需深入探索，专业学习与工作过程相联系，专业学习需要基础性课程的支持，但工作过程、专业学习、基础性课程应成为一个教学体系，如何成为一个符合逻辑的教学体系，即专业课程体系结构问题需要研究解决；工作过程、专业学习、基础性课程应成为一个教学体系，但是否像传统本科一样，先上基础课程，基础课程学完以后，再学专业课程，即高职教学过程的规律是什么；如何设计高职教学过程，也需要研究解决。

本书选择的教学模式和两种课程开发方法，都旨在较好的解决上述问题，但在实际应用中，必须结合计算机类专业的特点和高职特色，设计计算机专业人才培养方案和构建课程体系。

3．采用合适的教学方法提高学生学习兴趣

知之者不如好之者，好之者不如乐之者。教育效果在一定程度上取决于学生的学习兴趣。在课堂上灵活运用各种教学方法，培养学生的学习兴趣，对于高职院校的学生来说尤其重要。

教师在讲授计算机专业的知识与技能点时，可以利用计算机技术本身所具有的开放性、趣味性等特点，设计研究性课题，组织小组协作式项目，提供相关课外阅读材料等形式，充分发挥学生自主学习的积极性，培养学生学习计算机技术的动力和兴趣。只有学生主动获取知识、掌握技能，才能有效地取得更好的教学效果。

4．集中高水平的优秀教师突破教材

教材在教学过程中具有举足轻重的地位。一方面为老师的教学和学生的学习提供了规范、系统的材料和情景；另一方面，也引导老师以恰当的教学方式向学生提供良好的学习方法。尤其对于计算机专业而言，在市面上各种教材层出不穷、良莠不齐的情况下，更加需要集中一批高水平的教师，推出体现先进理念、代表改革方向的优秀教材。并以此为基点，把这些教材向更大的范围辐射和推广，从而达到以教材引领教学改革的目的。

5．利用优秀教材加强教师培训

双师型教师的培训需要良好的培训环境、方法和材料。代表改革方向的优秀教材，可以作为理想的培训材料，向老师提供先进的教学理念和方法，从而使教师把握课程改革的关键和内涵，成为课程的设计者和开发者，从而推动改革的进一步深化。

第 3 章　非计算机专业计算机教育教学改革的指导思想

　　随着计算机技术的飞速发展与广泛普及，其应用已经渗透到社会工作、生活的各个领域及层面。各种计算机应用系统平台已成为信息社会人们进行工作和生活的基本环境。计算机应用能力已经成为 21 世纪大学生必须具备的基本能力之一。在此背景之下，高职非计算机专业计算机教育的目标与内容也要随着计算机技术的发展、社会需求的变化而进行调整，使所培养的学生能够适应社会的需求。

　　本章将讨论在当前计算机技术发展及应用需求的情况下，高职非计算机专业计算机教育教学改革的指导思想、课程设计的基本思路和方法。

3.1　非计算机专业学生对计算机技术的基本要求

　　近年，计算机技术有极大的发展，特别是在网络化、多媒体化、智能化等方面呈现多元化的发展态势，其影响力几乎辐射到所有领域。计算机技术正在改变并将继续改变和影响人类的学习、工作和生活方式。

　　自 20 世纪 90 年代起，全国高职院校的非计算机专业都相继开设了计算机教育的课程。在教学实践中，广大教师针对高等职业教育的教学要求、教育对象的特点、教学目标要求等，进行了大量的教学研究与教学实践，编写了一批有特色的高职教材，为培养学生的计算机应用能力进行了大量的工作，也取得了很大的成绩。但随着计算机技术的飞速发展，我国中小学普遍开设了信息技术教育的课程；计算机进入了家庭，计算机应用已经普及到社会生活的各个领域。高职计算机教育的内容也需要做相应的调整，教学目标已不再局限于解决简单的操作计算机的问题，而是要使学生具备在计算机及网络环境中完成本专业工作的能力，全面提升学生的综合信息素质，以适应社会的需求。目前，尽管各院校普遍加强了对非计算机专业学生的计算机教育，但仍与社会需求之间存在着一定的差距。

1. 课程定位不够准确

　　对非计算机专业而言，计算机教育应该面向应用、面向职业岗位。目前，大多数非计算机专业的培养方案只安排一门计算机课程，教学重点是掌握一种操作系统及办公软件的使用。也有些专业根据工作的需要，增加一门程序设计语言课程。总体来看，非计算机专业的计算机教育基本处于要求学生掌握计算机的基本操作的层面，没有能够做到为专业应用和职业岗位应用服务。

2. 职业教育的特征不明显

计算机的应用已经渗透到各个领域，很多职业岗位都需要从业者具备计算机的应用能力。非计算机专业的计算机教育不仅仅是使学生掌握一些计算机操作的技术技能，还应该让学生具备使用计算机完成本岗位工作的能力。而这部分要求在教学中没有得到很好的体现。

3. 高等教育的属性体现不足

目前，高职非计算机专业计算机教育的一些课程从教学内容到教学方法有与中等职业教育趋同的倾向。特别是"计算机应用基础"课程，这种倾向更明显。课程内容全部由案例构成，学生的学习只是掌握这些案例的操作。但对相关技术的体系或整个软件没有整体的了解和掌握，对一些概念和常识更缺乏了解。这些将阻碍学生的持续发展。

4. 教师的教学观念滞后于社会的需求

相当一批院校将非计算机专业的计算机教育课程作为公共课程。这种安排的优点是集中一批教师专注于计算机基础类课程的教学研究和实践，有利于提高该类课程的教学质量。在计算机技术尚未得到广泛应用的情况下，这种方式能够有效地利用师资，使学生掌握基本的计算机应用技术和操作技能。但在计算机技术全面融入各行业、专业工作的情况下，这些教师若不及时调整教学的思路、内容和教学方法，仍停留在讲授基本操作的层面，难以胜任非计算机专业的计算机教学工作。

5. 学生基础有很大差异

国家实施在中小学开展信息技术教育的方案，教育部已经制订了中小学信息技术教育的规划和教学大纲。但是由于地区和经济发展的差异，城市与农村及边远地区的学生所接受的信息技术教育水平有很大的差距。在经济发达地区，家庭拥有计算机的比例很高，许多中学生已经能够熟练地操作计算机。而在经济比较落后的地区，计算机的普及程度比较低，计算机教育也相对落后，有些学生甚至根本没有接触过计算机。这些差异给教学的组织与管理造成了很大的困难，许多学校因此将"计算机应用基础"课程定位于零起点的操作课程。

要解决上述问题，应该使用职业分析的方法对高职各专业的特点进行分析，从各专业的教学和工作需求出发，提出对计算机技术及知识的要求，确定非计算机专业计算机教育的指导思想和目标，建立适合各自专业需求的计算机课程体系。

非计算机专业对计算机课程的需求特点如下：

① 对非计算机专业的学生，计算机不仅是一种工具，而是当今信息社会的从业者所置身其中且不得不面对的工作、生活和发展的环境，是完成本职工作、提升职业素养的不可或缺的基本条件。

② 非计算机专业的学生具有不同的专业背景，将要从事不同领域的工作。对计算机技术有不同的要求。

③ 非计算机专业的学生用在计算机课程上的学习时间十分有限，不可能系统地学习计算机课程。在有限的教学时间内，不仅要求完成预定的教学任务，还应该使学生具备不断学习、持续发展的能力。

④ 非计算机专业的学生在工作中更多是使用现有的软件工具、软件包。不同专业所需要和使用的软件工具有很大差异，给教学的计划与组织带来一定的困难。

3.2 非计算机专业计算机教育的指导思想

计算机应用能力是信息社会从业者所必需具备的基本能力。对于高职非计算机专业的学生，在校期间应该学习具有普适性的计算机基本知识与概念，掌握与后续专业课学习及所从事工作要求密切相关的计算机应用技术，具备一定的应用计算机技术，从而能够从事本专业工作的能力。

非计算机专业计算机教学改革的指导思想如下：

① 非计算机专业计算机教学的目标是高职高专学生掌握基本的计算机应用能力，培养学生良好的信息素养，具备作为信息社会从业者所必需的通用能力；计算机教育要为后续专业课的学习奠定基础；学生初步具备在信息社会环境中生存、工作与持续发展的能力。

② 以职业能力的需求驱动非计算机专业的计算机教学改革，包括课程、教学内容、教学方法等方面的改革。使用调查分析的方法，确定各专业领域的特点及对计算机技术的需求，聘请专业教师和工程技术人员参与计算机教育课程体系的设计与开发，以满足专业教育和工作的需求，使计算机教育能够服务于专业教学。

③ 非计算机专业计算机教育要体现对学生职业能力的培养，主要可以通过如下教学内容体现：

    a. 了解计算机的基础知识和基本概念。

    b. 掌握应用计算机的基本操作和应用技术、技能。

    c. 掌握以计算机为工具的基本工作技能。

    d. 培养良好的信息素养。

④ 要有高等教育的特点，理论、概念、知识等是必不可少的教学内容，既不能简单的以案例替代技术体系，也不能简单的采用"够用为度"。要考虑后续专业的应用和持续发展的需求。

⑤ 不应过于强调非计算机专业计算机课程的理论体系的完整性，不能忽视技术

体系的完整性。各院校应结合各专业的实际情况和职业面向，有选择地开设计算机课程；每门课程的教学内容应根据各个专业的需求进行取舍，并设计与专业需求相匹配的案例。

根据各个专业的需求，可将③中所述四个方面的教学内容以显性课程（例如程序设计）、综合课程（例如软件测试与产品发布）、实训课程等独立课程的形式体现。对于专业应用性比较强的教学内容，也可以作为专业课教学中的一个技术单元（例如使用工程绘图软件），或作为隐性内容蕴含在课程的教学过程中（例如收集信息）。

⑥ 改革传统的教学方式，采用适当的教学手段和方法，结合专业需求设计教学内容、教学案例及教学方法，在有限的学时内，不仅要完成基本的教学要求，还要全面提升学生的信息素养，使学生具备跟踪新技术、持续发展的能力。

⑦ 重视发挥专业课教师和工程技术人员在计算机课程教学中的作用。应该邀请专业课教师和企业的工程技术人员参与非计算机专业计算机教学方案的设计，也可以由他们承担专业性比较强的课程或课程单元的教学。

⑧ 课程改革方案应具有可操作性，易于被教师、学生所接受。

3.3 课程开发的原则与步骤

课程是将宏观的教育理论与微观的教学实践联系起来的一座桥梁，是实现培养目标的重要手段，是学校一切教育和教学活动的中心。

3.3.1 课程开发的原则

非计算机专业的计算机教育课程开发应遵循如下基本原则：

（1）课程应服务于专业培养目标

对于非计算机专业而言，计算机教育在其专业培养方案的框架体系中是支撑专业教学的环境与工具。因此，非计算机专业的计算机教育应该服务于专业的培养目标。

（2）高等教育与职业教育的统一

以就业为导向的高等职业教育理念已被广泛接受并采用，技能培养受到了足够的重视。但高等职业教育不仅是技术教育，还是高等教育，应该统筹兼顾，不能偏废。作为高等教育，提高学生的科学、文化素养是必不可少的。非计算机专业的计算机教育不能成为单纯的技能训练，计算机技术相关的基本概念和理论不能全部舍弃。这也是高等职业教育与中等职业教育、职业培训的重要区别之一。

（3）课程开发的方法

非计算机专业计算机课程的设计与开发采用目标模式的方法，即首先根据不同专业对计算机技术的需要，确定课程要达到的目标，然后确定实现课程目标的方法，以及有效地组织课程和教学的方法，还要确定教学结果与目标的符合度评价方法等。

（4）信息素养养成教育

计算机教育不是简单的操作技能训练，提高学生的信息素养是其中的重要内容之一。

信息素养的概念是由美国信息产业协会主席保罗·泽考斯基于 1974 年提出的，主要包括文化素养（知识层面）、信息意识（意识层面）和信息技能（技术层面）三个方面的内容。1989 年美国图书馆协会（ALA）理事会将信息素养界定为四个方面：需要信息时具有确认信息、寻找信息、评价和有效使用所需要信息的能力。

培养学生的信息素养，一方面要培养学生的查找、应用、处理信息的能力，另一方面要提升学生的综合素养，具备学习、发展的能力。

计算机技术是当今发展最快的技术之一。仅仅依靠课堂所学习的计算机技术、技能，难以适应计算机技术的发展和社会的需求。因此在课程体系设计及教学实施过程中，要将学生的基本信息素养养成教育作为重要的教学内容与要求。

3.3.2　课程体系框架

按照职业能力的类别，可将非计算机专业的计算机课程分为三种类型，分别支持通用能力、职业基本能力和职业核心能力。第一类课程主要支持提升学生的通用能力，主要课程为"计算机应用基础"。课程面向各个专业的学生，提升学生应用计算机、解决简单工作问题的能力，使学生初步具备信息处理、信息收集与加工的能力。第二类课程主要支持提升学生职业基本能力，包括基本技术、技能类课程和工作技能类课程。该类课程面向各大类专业，侧重服务于专业教学的技术课程，如数据处理与应用、程序设计等。第三类为面向特定职业的应用技术，重点提升学生的职业核心能力。

课程内容着重于四个方面：计算机的基础知识和基本概念、计算机应用的基本技术技能、以计算机为工具的基本工作技能、良好的信息素养。其中，信息素养养成教育主要以隐性课程体现。课程方案如表 3-1 所示。

（1）基础知识与概念

高职非计算机专业的计算机教育不能忽略的一个问题是对知识、概念与基础理论的了解与掌握。这些概念应该包括日常工作、生活中经常使用的常识、术语、概念，还要包括专业学习、工作中涉及的概念和基本理论。

表 3-1 课程方案表

职业能力	课程	基础知识与概念	技 术 技 能	工 作 技 能
通用能力	计算机应用基础	计算机常用术语 计算机系统、网络、多媒体、数据处理等概念	计算机（网络）系统的配置与维护 计算机的应用	信息表达，信息处理，信息交流 息检索与获取，信息安全
职业基本能力	程序设计基础	程序设计基础，算法的概念与表达	程序开发技术 简单程序测试技术	程序设计及程序测试
	网页设计与制作	HTML 语法结构和设计思路，网站结构、布局等	使用一种页面设计工具设计静态页面	根据用户需求设计简单网站
	数据处理与应用	数据检索、数据透视的概念，基本方法	数据收集、存储、加工、检索	信息加工与处理
	网络技术	网络协议，网络地址转换，网络互联等概念、术语	网络配置 网络管理 网络维护	构建与管理一个小型的网络系统
	多媒体技术应用	多媒体的概念、术语，多媒体处理技术	处理图像，处理音频，处理视频	制作多媒体作品
职业核心能力	面向专业/行业应用的软件、计算机技术	专用软件或专用计算机技术		

（2）基本技术技能

将计算机作为工具，就要掌握操作、使用计算机的基本技术和技能。不同专业所要求掌握的技术技能有很大差异，总体来说，有如下技术技能：

① 计算机（网络）系统的配置与维护，包括：

• 计算机及网络的基本操作与使用。

• 计算机及网络的简单管理与配置。

② 计算机及网络的应用，包括：

• 使用办公软件处理日常工作。

• 利用计算机网络平台进行工作。

• 使用多媒体软件工具处理图像、图形。

③ 开发技术，包括：

• 使用某种高级语言，进行程序设计，能够阅读、编写程序，掌握软件测试的技术。

• 数据管理软件的操作与使用。

（3）基本工作技能

掌握计算机基本应用技术技能的目的是能够利用计算机完成本专业的工作。对于非计算机专业的学生应该具备如下工作技能：

• 信息表达：利用计算机以文档、演示文稿等多种形式表达信息。

- 信息处理：利用计算机建立、处理报表，并进行统计分析。
- 信息交流：利用网络和 Internet 系统，进行信息沟通与交流。
- 信息检索及获取：利用网络和 Internet 系统资源，使用信息检索工具查阅各种科技文献资料并加工整理，获取所需要的专业及其他信息。
- 信息安全：掌握系统和网络安全的基本概念，了解基本的信息安全常识、法律及道德规范，能够处理简单的信息安全问题。
- 数据加工与处理：利用软件工具对数据进行加工、分析。
- 程序设计及程序测试：进行简单的程序设计及软件测试工作。
- 加工、处理多媒体信息：使用多媒体软件进行图形、图像、视频、音频信息的简单处理。
- 网络管理与维护：进行简单网络的安装、配置，能够进行简单的维护安全管理。

（4）基本信息素养

根据通用能力的培养要求和信息素养养成的教学需求，在课程体系中应显性的安排相关课程单元，或在教学实施过程中隐性的设计相关的教学环节，强化对学生的信息素养养成教育。在如下几个方面应予以特别的注意：

① 掌握 IT 新技术。计算机教学不是简单的操作培训。在教学中，要把技术要点、基本概念和相关知识介绍给学生，使学生逐步具备技术迁移、革新创新的能力。

② 团队合作。团队合作是信息社会中进行工作的一种主要形式。团队合作既是一种工作能力，也是一种基本素质。这种能力的培养不是简单的通过课堂授课所能够实现的，而要通过教学实施的过程逐步训练。

③ 问题分析及求解能力。信息素养养成教育的一个特点是把被动信息获取式教育转变为主动信息探究式教育。信息素养既是查找、检索、分析信息的信息认识能力，也是整合、利用、处理、创造信息的信息使用能力。通过这个过程培养学生科学的分析问题、解决问题的能力。

3.3.3　课程开发的步骤

CVC 2010 开发非计算机专业计算机课程的步骤如下：

（1）确定课程目标

开发课程首先要确定课程目标。课程目标是课程与教学的预期结果，包括知识与能力/技能、过程与方法、情感态度与价值观等方面期望达到的目标。该目标既是确定课程内容的必要前提，也是课程实施与评价的基本标准。

课程目标的确定应该建立在职业/专业调查的基础上。由专业负责人根据各专业的需求提出对计算机教育的要求，再综合相关的计算机技术要求，确定课程的目标。

课程目标应该概括描述课程在知识、能力、素质及完成工作等方面的目标要求。能力目标包括基本能力与任务要求，其涵义是通过课程的学习和基本能力训练，能够完成某些与专业相关的工作任务。

（2）确定基本能力与任务

确定课程目标之后，要根据该目标要求确定课程所要求的"基本能力与任务"，主要包含两方面的内容：课程的能力目标及课程的主要任务。

"能力目标"是对"课程目标"的细化与分解。这些细化的能力目标应该与"课程内容"中每个单元的能力目标一致。

"课程任务"是课程的主要内容。课程的教学内容按照课程目标划分为教学单元。教学单元类似于一般教材中的"章"，但是也有一些不同。每个单元可以针对某一类知识、概念、基本理论及相关能力目标的实现（这里称之为"能力单元"），也可以针对一项综合的工作（这里称之为"工作单元"）。

（3）确定教学内容

按照分解的能力目标设计教学内容。教学内容按照其特点划分为能力单元和工作单元。

① 能力单元的教学内容。能力单元中应该包括知识、概念、理论的阐述及操作技能。具体内容要根据高职教育的特点和专业的需求进行取舍。例如，《计算机应用基础》课程中的操作系统部分，应该包含操作系统的一般概念的介绍，使学生了解操作系统的作用、不同的操作系统平台的特点及使用。能力单元中应包含针对能力目标设计的能力训练案例。每个案例可以是简单的例题，也可以是针对单项能力的实例。

② 工作单元的教学内容。在完成能力单元的学习后，应该通过完成一件或几件工作，融合课程的内容，使学生掌握基本的工作能力，即每门课程应该包含一个或几个完成综合任务的工作单元。每个工作单元以一项工作为中心，以能力单元中的能力培养与训练为基础，以完成工作任务为目标，综合应用课程所学习和实践的内容。

（4）提出教学方法建议

教学方法在教学实施过程中起着很重要的作用。不同的教学内容应采用不同的教学方法。教学方法建议是针对整体课程提出的。若同一门课程的课程单元内容属于不同的类型，也可以针对教学单元的类别提出教学方法建议。

（5）考核方式建议

教学目标完成情况应该通过课程的考核进行检查。在设计课程时，要根据课程的目标及能力训练的特点，提出考核建议。考核方式可以采用多种形式。

第二部分
基于职业岗位分析和学期项目主导的
课程体系开发

基于职业岗位分析和学期项目主导的课程体系开发方法是天津职业大学国家示范校市财政支持重点建设专业——"嵌入式技术与应用"专业在三年示范校建设中，借鉴国外先进的高等职业教育办学经验，结合我国经济发展现状和高等职业教育的办学经历，探索出的一种面向职业岗位的课程体系开发方法。

第二部分包括两章：第4章给出基于职业岗位分析和学期项目主导的课程体系开发方法；第5章是5个基于职业岗位分析和学期项目主导的课程体系开发参考方案。

第 4 章 基于职业岗位分析和学期项目主导的 课程体系开发方法

高等职业教育是针对职业岗位的实际需要而设置的职业岗位定向的高等教育，高职高专计算机类专业是为信息技术产业生产一线培养高技能人才。课程体系是高等职业教育实施专业人才培养方案的载体，课程体系开发必须建立在对职业岗位分析的基础上。学期项目是配合职业岗位的工作能力要求为每一个学期设计的典型工作任务，课程学习是由学期项目主导，为学期项目做理论和技术的支撑。这里，学期项目主导的课程开发方法是受新加坡南洋理工学院的项目主导课程整合案例的启发。

4.1 职业岗位分析指导思想及其工作流程

4.1.1 职业岗位分析指导思想

高等职业教育面向的职业岗位分析是制订专业人才培养计划的基础性工作，也是很难操作的工作。首先，职业岗位分析要由企业工程师完成；其次，企业工程师分析的结果要能够成为课程开发的依据。这需要学校教师与企业工程师紧密合作。职业岗位分析指导思想及所要遵循的原则如下：

1. 选择合适的企业工程师

首先，聘请的工程师不仅要对企业的业务非常熟悉，还要对教育有一些了解；其次，工程师需要有足够的时间在教师的引导下对职业岗位进行分析，因为这是一件非常耗时的工作；最后，工程师要获得足够的动力帮助学校做职业分析。

2. 学校教师要引导企业工程师分析职业岗位

通常企业工程师懂技术，有丰富的实践经验，了解企业的工作流程和对人才的需求。但是，企业工程师对教育了解不多，如果没有学校教师的引导，工程师对职业岗位的分析难以转化成学校的教育。

3. 学校教师要能够归纳总结企业工程师的分析

企业工程师由于各自职业的特征，对职业岗位的分析都有一定的倾向性，而学校教育要考虑职业的通用性、普遍性，还要结合当地的经济发展实际。因此，学校教师要善于归纳和总结企业工程师提供的分析数据，结合自身专业建设情况，确定专业面向的职业岗位，形成专业课程开发的依据。

4.1.2 职业岗位分析工作流程

职业岗位分析工作流程如图 4-1 所示。

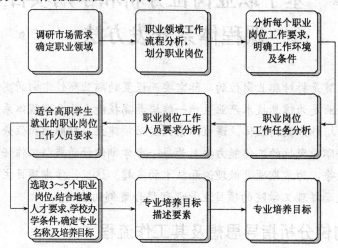

图 4-1 职业岗位分析工作流程

4.2 职业岗位分析方法及其作业规范

职业岗位分析是要获得专业面向的就业岗位对毕业生的技能、相关知识和素质的具体要求，以此形成课程体系构建的基本元素。

4.2.1 职业岗位划分及其作业规范

1. 职业岗位划分

职业岗位划分可以参照劳动部 2006 年形成的《IT 职业分类方案》（简称"分类方案"）。在分类方案中，将 IT 职业分成"IT 主体职业"、"IT 应用职业"、"IT 相关职业"三个小类，在小类下分别分出"软件类"、"硬件类"等 13 个职业群，41 个职业（细类）。其中，IT 主体职业是指那些只与 IT 职业技能相关的"纯粹"的 IT 类职业；IT 应用职业是指那些主要使用 IT 职业技能完成其他领域业务的职业；IT 相关职业是指那些主要使用 IT 职业技能为工具完成职业活动的其他领域的职业。

由于 IT 产业的发展，新的技术、新的应用随之产生，由此带来的职业变化在《IT 职业分类方案》中不能及时反映的，请有代表性企业的工程师进行划分。

职业岗位划分是明确哪些岗位适合应届毕业生工作，哪些岗位适合有经验的人员工作，哪些岗位适合本科生工作，哪些岗位适合专科生工作，哪些岗位适合中专生工作，以使人才培养目标准确定位。

2．作业规范

请企业工程师，按照某一产品或系统分析其开发、生产、销售工作流程，划分职业岗位。

（1）职业岗位名称

职业岗位名称以最能说明该职业类别特性的名称命名。原则上依照 2006 年劳动部颁布的《IT 职业分类方案》确定。

（2）职业岗位划分依据

职业岗位划分按照从业人员的职业活动范围、工作责任和工作难度来确定。

职业群的划分：根据 IT 职业活动的特点和职业活动的结果来区分职业群，如软件类、硬件类等。

职业岗位（一级）：根据同一职业群中的不同核心职业技能和工具手段来区分职业（工种），如网络类中的网络系统设计师、网络建设工程师等。

岗位分类（二级）：根据同一职业中的不同处理对象和处理要求来区分岗位，如软件类中的系统分析师可出任系统项目经理、系统运作经理、系统诊断经理等。

岗位分类（三级）：根据同一岗位中的不同作业和流程片段来区分工位，如系统项目经理可分为设备项目经理、软件项目经理、项目集成经理等。

职业岗位划分由有代表性的企业工程师完成，最终形成职业岗位划分表，如 4-1 所示。

表 4-1　职业岗位划分表

职业岗位（一级）	岗位分类（二级）	岗位分类（三级）	分类岗位编号
一级职业岗位 1	二级职业岗位 1	三级职业岗位 1	岗位编号 1
		⋮	⋮
		三级职业岗位 n	岗位编号 n
	⋮		
	二级职业岗位 n	三级职业岗位 1	岗位编号 1
		⋮	⋮
		三级职业岗位 n	岗位编号 n
一级职业岗位 n	二级职业岗位 1	三级职业岗位 1	岗位编号 1
		⋮	⋮
		三级职业岗位 n	岗位编号 n
	⋮		
	二级职业岗位 n	三级职业岗位 1	岗位编号 1
		⋮	⋮
		三级职业岗位 n	岗位编号 n

4.2.2　职业岗位工作要求分析及其作业规范

1．职业岗位工作要求

任何职业岗位都有其特定的一些工作要求，这里包括基本要求、职业资格要求、工作经历要求。职业岗位工作要求中的基本要求是指从事这项工作的职业环境要求、从业基本条件、基本文化程度等；职业资格要求是指这项工作是否需要具备上岗证，需要什么样的上岗证；有的工作不是学生走出校门就可以直接上岗的，需要工作经验、经历的积累，工作经历要求是对这项工作经验、经历积累的一个客观描述。

2．作业规范

（1）基本要求

基本要求是指职业环境要求、从业基本条件、基本文化程度等。其中，职业环境要求，即从事某一职业所处的客观环境，如工作地点、温度要求、湿度要求、噪声、大气条件、有毒有害、粉尘等。从业基本条件，即从业人员掌握必备的职业知识和技能所需的基本能力和潜力，如一般智力、表达能力、计算能力、空间感、形体知觉、色觉、手指灵活性、手臂灵活性、动作协调性等。基本文化程度要求，即从事本职业岗位应具备的最低文化程度。一个职业只有一个最低文化程度要求。

（2）职业资格要求

职业资格要求可参照人力资源和社会保障部、工业和信息化部、知名企业的相关认证。

（3）经历要求

经历要求指所需要的经验、经历的大致描述。

职业岗位工作要求分析由企业工程师完成，作业规范如表 4-2 所示。

表 4-2　职业岗位要求分析表

序号	岗位名称 （分类岗位编号）	基　本　要　求			职业资格要求	经历要求
		职业环境要求	从业基本条件	基本文化程度		
⋮	⋮	⋮	⋮	⋮	⋮	⋮

4.2.3　职业岗位工作任务分析及其作业规范

1．职业岗位工作任务分析

职业岗位工作任务分析包括工作任务、工作内容。职业岗位工作任务分析一方面是对工作流程中的所有岗位有一个职责划分，另一方面是为了获得学生课程学习的依据。

2．作业规范

（1）任务名称

工作任务是承担职业岗位职责所应做的工作。根据不同性质和特点，可以按工作领域、工作项目、工作程序、工作对象或工作成果来划分。针对每个职业岗位可选择不少于 3 个的主要任务。

任务名称的表述形式是"动词+宾语"（动宾结构），如"编写程序"。根据行业用语习惯，也可采用"宾语+动词"，如"程序编写"、"市场调研"等表述形式。

一般来讲，每一项任务都可以独立进行授课和考核。

（2）任务要求

任务要求是根据任务的宽窄、工作责任的大小、工作难度的高低提出。

职业岗位工作任务分析由企业工程师完成，作业规范如表 4-3 所示。

表 4-3 职业岗位工作任务分析表

序号	任务名称（工作任务）	任务要求（工作内容）
	工作任务 1	
⋮	⋮	⋮
	工作任务 n	

4.2.4　职业岗位工作人员要求分析及其作业规范

1．职业岗位工作人员要求分析

前面已经对工作岗位、工作任务、工作内容、学历要求、工作经历要求进行了分析，这一部分是在前期分析的基础上，对职业岗位对工作人员的要求从技能、知识和素质方面进行分析。

2．作业规范

工作岗位、工作任务、工作内容、学历要求、工作经历要求前已述及，这里着重介绍素质要求、技能要求和相关知识的作业规范。

（1）素质要求

素质要求指从事职业工作应具备的基本观念、意识、品质和行为的要求，主要包括职业核心素质和岗位核心素质。素质不是先天就有的，而是社会性学习的结果。

（2）技能要求

技能要求是指完成每一项工作任务应达到的结果或是应具备的技能。总体上说，技能要求中要写出"能在……条件下做……，做到……程度，达到……标准。"技能要求应具有可操作性，要对每一项技能有具体的描述，能量化的一定要量化。写法为"能……"，如工作内容里的"测试硬件"，在技能要求里可以表述为"能测试主板、芯片和硬件接口"。对技能要求里的内容描述不能太简单，同时对于同等级中同一项工作或技能，要分别写出不同的具体要求。不能用"了解"、"熟悉"、"掌握"等词语和仅用程度副词来区分不同的等级。

要避免出现"能协助某人做……"、"能参与……"之类的要求，而要从从业人员能够独立完成的工作项目上提出相应的技能要求。

另外，技能要求中涉及工具设备时，不能单纯要求"能使用……工具或设备"，而应该写明：能使用……工具、设备做……或解决……问题。

（3）相关知识

相关知识是指达到每项技能要求必备的知识。其主要指与技能要求相对应的理论知识、操作规程和安全知识等。相关知识应该指向具体的知识点，而不是宽泛的知识领域。

职业岗位工作人员要求分析由企业工程师完成，作业规范如表4-4至表4-5所示。

表4-4　职业岗位工作人员要求分析表

职业岗位	工作任务	工作内容	工作人员要求				
			素质要求	技能要求	相关知识	学历要求	工作经历要求
⋮	⋮	⋮	⋮	⋮	⋮	⋮	⋮

表4-5　适合高职学生就业的职业岗位工作人员要求表

职业岗位	工作任务	工作内容	素质要求	技能要求	相关知识
⋮	⋮	⋮	⋮	⋮	⋮

至此，适合高职学生就业的职业岗位已经获得，这些岗位对上岗人员的素质、技能和相关知识的要求也已经明确，各高职院校可以结合自身实际，确定专业培养目标，制订专业人才培养方案。

4.3　确定专业名称及专业培养目标

4.3.1　确定专业培养目标因素分析

确定专业培养目标要考虑以下几方面的因素：

1．地域人才需求

教高[2006]16 号文件中提出：针对区域经济发展的要求，灵活地调整和设置专业，是高等职业教育的一个重要特色。各级教育行政部门要及时发布各专业人才培养规模变化、就业状况和供求情况，调控与优化专业结构布局。高职院校要及时跟踪市场需求的变化，主动适应区域、行业经济和社会发展的需要，根据学校的办学条件，有针对性地调整和设置专业。

区域人才需求是设置专业、制订专业培养目标的第一要素。

2．自身办学实力

自身办学实力是指师资、设备、校企合作伙伴的现状以及近期可能达到的办学条件，适合培养哪个岗位的高技能人才。

3．生源及学制

生源及学制是指生源来自高中生还是中专、技校或职专生，学制是三年还是两年。学生基础不同，培养方案不同。

4．学生就业岗位

学生就业岗位是建立在对地域人才需求分析、自身办学实力、生源和学制分析的基础上，从表 4-5 中选取 3～5 个适合培养学生就业的职业岗位。

4.3.2　确定专业名称

专业名称参照教育部高职高专专业目录，对于专业目录中不能涵盖的技术和技术应用可以自己命名，但要符合"涵盖岗位群的主体特征"的要求，且规范合理。

4.3.3　专业培养目标描述

1．专业培养目标描述要素

专业培养目标要有明确的职业岗位取向，专业培养目标描述要素如表 4-6 所示。

表 4-6　专业培养目标描述要素

专业名称	
职业面向领域	
职业岗位	
职业岗位简要说明	

2．专业培养目标描述规范

专业培养目标一般包括三个部分，即通用能力目标、职业基本能力目标和职业核心能力目标，200 字左右。描述体例为"该专业培养德、智、体、美等方面全面发展的……高素质技能型人才"。其中：

通用能力：指作为一个社会人在职业生涯或生活中从事任何职业和工作都需要的能力。

职业基本能力：职业基本能力涵盖一个行业或一组相关的岗位群，是在这些领域工作需要的、比较基本的能力。

职业核心能力：指从事某个岗位或某几个岗位工作所必需的、特定的、缺之不可上岗的能力。

专业培养目标描述由学校教师和企业工程师共同完成。

4.4　学期项目主导的课程体系开发指导思想及其工作流程

4.4.1　学期项目主导的课程体系开发指导思想

专业面向的职业岗位确定后，职业岗位对上岗人员的素质、技能和相关知识要求已经在表 4-5 中明确提出。学生走进校门，从对职业岗位几乎一无所知到毕业后具备上岗能力，需要有一套适用的培养方案，对学生的素质、技能和相关知识进行培养，课程体系就是实施人才培养方案的主要载体。这里，课程体系的开发方法是建立在对职业岗位分析和学期项目设计的基础上。

所谓学期项目是指每个学期至少选择一个企业真实的工作项目，作为学期综合训练项目，而学期综合训练项目的选择是按照学生素质、技能和知识的积累程度由易到难、由简单到复杂、由初级到综合，即由第一学期学会做企业的简单工作，到第六学期能够作为企业的准员工顶岗实习，其课程开发指导思想如下：

1．教师与企业工程师共同开发

4.2 节所做的职业岗位分析是从职业岗位工作内容和要求入手，分析从业人员的素质、技能和相关知识，为学校培养企业适用人才提供课程的开发依据。这个阶段以企业工程师为主，但是学校教师要积极配合。

课程体系开发是从教育规律入手，瞄准学生将要从事的职业岗位对学生在校期间进行有计划的培养，使学生毕业后具有快速适应岗位要求的能力。这个阶段是以学校教师为主，但要企业工程师密切配合，一起完成。

2．学期项目与实际工作保持一致性

学期项目试图在每个学期安排一个或几个典型的企业工作任务，典型工作任务由易到难、由单一到综合，每学期重复项目完成过程，形成技能和知识叠代积累、能力重复建构的学习过程。

3．每学期课程以学期项目为主导

完成学期项目是一个学期教学所要实现的阶段目标，完成学期项目需要相应的课程支撑。每学期课程以学期项目为主导，配合支撑课程。

4．将学生素质培养纳入课程开发

学生素质是企业招聘员工的重要指标，素质的养成过程要体现在课程开发中。

4.4.2 学期项目主导的课程体系开发流程

学期项目主导的课程体系开发流程如图 4-2 所示。

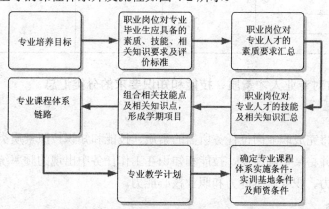

图 4-2 学期项目主导的课程体系开发流程

4.5 学期项目主导的课程体系开发方法及其作业规范

4.5.1 职业岗位对专业人才素质、技能、知识和评价标准要求的分析

1．职业岗位对专业人才素质、技能、知识和评价标准要求的分析方法

职业岗位对专业人才素质、技能、知识和评价标准要求是以职业岗位所从事的每一项工作任务为单元，分析出胜任工作任务所需要具备的素质、技能、知识和评价标准。所分析岗位只针对培养目标中面向的职业岗位。

2. 作业规范

素质、技能、知识的描述规范在 4.2.4 节中已经述及，这里不再赘述。

评价标准是评价素质、技能和知识的依据和尺度。

职业岗位对专业人才素质、技能、知识和评价标准要求由学校教师和企业工程师共同完成，作业规范如表 4-7 所示。

表 4-7　职业岗位对上岗人员素质、技能、知识和评价标准要求的分析

工作任务	工作内容	素质	技能	相关知识	评价标准
⋮	⋮	⋮	⋮	⋮	⋮

4.5.2　职业岗位对专业人才素质、技能和知识要求的分类汇总

1. 分类汇总

分类汇总是将完成职业岗位任务所需的素质、技能和知识按照素质类、技能类和知识类进行汇总，并将某一项素质、技能和知识在工作任务中出现的频率统计出来，以此获得职业通用能力、职业基本能力和职业核心能力。

2. 作业规范

分类汇总由学校教师和企业工程师共同完成，作业规范如表 4-8 至表 4-10 所示。

表 4-8　职业岗位对专业人才的素质要求汇总表

职业核心素质	岗位核心素质	
（IT 行业从业人员共有的素质）	职业岗位 1	岗位核心素质
	职业岗位 2	岗位核心素质
	⋮	⋮
	职业岗位 n	岗位核心素质

表 4-9　职业岗位对专业人才的技能及相关知识要求汇总表

技　能	相　关　知　识	职　业　岗　位		
		职业岗位 1	职业岗位 2	职业岗位 3
技能点 1				
技能点 2				
⋮	⋮	⋮	⋮	⋮
技能点 n				

表 4-10　职业岗位对专业人才的知识及支撑的技能汇总表

知　识　点	支撑的技能	职　业　岗　位		
		职业岗位 1	职业岗位 2	职业岗位 3
知识点 1	技能组 1			
知识点 2	技能组 2			
⋮	⋮	⋮	⋮	⋮
知识点 n	技能组 n			

4.5.3　学期项目主导课程整合的课程体系开发方法及作业规范

1. 学期项目主导课程整合的课程体系开发方法

（1）学期项目主导课程整合

学期项目是形成学生职业能力的典型工作任务。一、二年级每一学期有一个学期项目，内容由浅入深，由简单到复杂，四个学期项目形成对学生职业能力的不断建构，所有相关课程由学期项目主导，进行课程整合；三年级第一学期的学期项目与学生面向的职业岗位紧密联系，是针对职业岗位的综合工作能力训练项目；三年级第二学期的学期项目是企业顶岗实习，学生将根据自己对就业岗位的选择到相关的某一岗位实习。

（2）学期项目主导的课程体系开发方法

学期项目主导的课程体系开发方法是要建立学期项目、整合课程、课程所涉及的技能和知识之间的关系。

2. 作业规范

（1）第一、二学年课程——学期项目主导课程整合

学期项目主导课程整合——第一、二学年如图 4-3 所示。

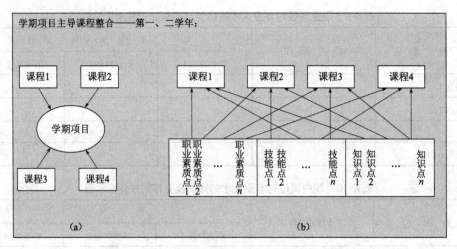

图 4-3   学期项目主导课程整合——第一、二学年

（2）第三学年课程

　　第一学期是综合工作能力训练项目，由学校教师带领学生完成，项目是教师正在开发或研究的内容，也可以是仿真项目，在学校实训基地完成；第二学期学生全部到企业按照教学要求进行实习。为了保证实习单位符合教学要求，而不是来者不拒，学生下企业前学校要向企业发放企业实习邀请函，教师根据返回的邀请函选择适合学生实习的企业和岗位。学期项目主导课程整合——第三学年如图4-4所示。

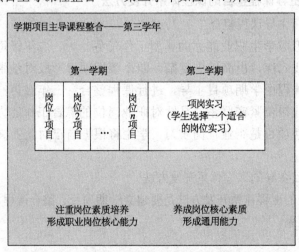

图 4-4   学期项目主导课程整合——第三学年

　　课程体系开发由学校教师与企业工程师共同完成，作业规范如表4-11所示。

表 4-11　学期项目形成表

学期	素质、技能、知识元素		整 合 课 程	学 期 项 目
一	职业素质一			学期项目（1）
	技能			
	知识			
二	职业素质二			学期项目（2）
	技能			
	知识			
三	职业素质三			学期项目（3）
	技能			
	知识			
四	职业素质四			学期项目（4）
	技能			
	知识			
五	1. 注重岗位素质培养； 2. 形成职业岗位核心能力。			岗位一项目
	1. 注重岗位素质培养； 2. 形成职业岗位核心能力。			岗位二项目
	1. 注重岗位素质培养； 2. 形成职业岗位核心能力。			岗位三项目
六	1. 养成岗位核心素质； 2. 形成通用能力，主要包括：自我学习能力、与人交流能力、信息处理能力、与人合作能力、数字应用能力、解决问题能力和创新能力。			顶岗实习 （学生选择一个适合的岗位实习）

4.6　专业课程体系链路

4.6.1　专业课程体系链路概念

专业课程体系链路用图表示课程之间的关系，要求在课程体系链路图中能够体现对学生通用能力、职业基本能力和职业核心能力的培养，如图 4-5 所示。

如图 4-5 所示，第一到第四学期的学期项目是能力叠代提升的过程。第一个学期项目比较简单，只要有相关的技能和知识支撑就可以独立完成，后面的学期项目是在前一个学期项目的基础上，叠加一组新的技能和相关知识；第五学期的学期项目是针对学生就业的岗位，进行岗位项目训练；第六学期，学生根据自身的特长和价值取向，选取适合的职业岗位到企业顶岗实习。

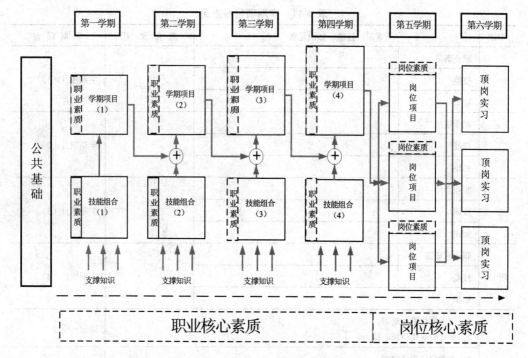

图 4-5　课程体系链路图

　　三年学习对学生素质的培养贯穿始终。前四个学期着重培养学生的职业核心素质，后两个学期要结合职业岗位对学生的岗位核心素质进行培养。图 4-5 中关于素质培养，实线表示可单独开设课程，虚线表示无论是课程、学期项目，都要贯穿对学生职业核心素质和岗位核心素质的培养。

4.6.2　专业课程体系链路描述

1. 通用能力培养体系描述

　　通用能力培养体系是三年对学生的培养所要形成的通用能力，主要包括自我学习能力、与人交流能力、信息处理能力、与人合作能力、数字应用能力、解决问题能力和创新能力。

2. 职业基本能力培养体系描述

　　职业基本能力培养体系是指支撑学期项目的素质、技能和相关知识。

3. 职业核心能力培养体系描述

　　职业核心能力培养体系是指形成学生职业能力的学期项目。

58

4.7 专业课程体系教学计划

专业课程体系教学计划表如表 4-12 所示。

表 4-12 专业教学计划表

年级	学期	课程类型		课程名称	考试方式		学分	学　时				周学时（课内）
					考试	考查		总计	讲课	实训	顶岗实习	
一年级	第一学期	支撑平台课程	职业素质	（专门开课）								
			技术基础课程									
			技术技能课程									
		学期项目										
		职业核心素质		（职业素质不仅单独开课，技术基础课和技术专业课也要体现对学生职业素质的培养。该栏要说明本学期要形成的职业核心素质有哪几项）								
		第一学年第一学期小计										
	第二学期	支撑平台课程	职业素质	（专门开课）								
			技术基础课程									
			技术技能课程									
		学期项目										
		职业核心素质		（职业素质不仅单独开课，技术基础课和技术专业课也要体现对学生职业素质的培养。该栏要说明本学期要形成的职业核心素质有哪几项）								
		第一学年第二学期小计										

年级	学期	课程类型		课程名称	考试方式		学分	学时				周学时（课内）
					考试	考查		总计	讲课	实训	顶岗实习	
二年级	第一学期	支撑平台课程	技术基础课程									
			技术技能课程									
		学期项目										
		职业核心素质		（职业素质不再单独开课，技术基础课和技术专业课要体现对学生职业素质的培养。该栏要说明本学期要形成的职业核心素质有哪几项）								
		第二学年第一学期小计										
	第二学期	支撑平台课程	技术基础课程									
			技术技能课程									
		学期项目										
		职业核心素质		（职业素质不再单独开课，技术基础课和技术专业课要体现对学生职业素质的培养。该栏要说明本学期要形成的职业核心素质有哪几项）								
		第二学年第二学期小计										

年级	学期	课程类型		课程名称	考试方式		学分	学时				周学时（课内）
					考试	考查		总计	讲课	实训	顶岗实习	
三年级	第一学期	岗位1	岗位项目									
			岗位素质	（大三要着重培养学生的岗位素质，岗位素质培养要体现在岗位项目或顶岗实习的教学目标中。该栏要说明本学期要形成的岗位核心素质有哪几项）							
		岗位2	岗位项目									
			岗位素质	（大三要着重培养学生的岗位素质，岗位素质培养要体现在岗位项目或顶岗实习的教学目标中。该栏要说明本学期要形成的岗位核心素质有哪几项）							
		岗位3	岗位项目									
			岗位素质	（大三要着重培养学生的岗位素质，岗位素质培养要体现在岗位项目或顶岗实习的教学目标中。该栏要说明本学期要形成的岗位核心素质有哪几项）							
		第三学年第一学期小计										
	第二学期 3选1	岗位1	顶岗实习									
			岗位素质	（大三要着重培养学生的岗位素质，岗位素质培养要体现在岗位项目或顶岗实习的教学目标中。该栏要说明本学期要形成的岗位核心素质有哪几项）							
		岗位2	顶岗实习									
			岗位素质	（大三要着重培养学生的岗位素质，岗位素质培养要体现在岗位项目或顶岗实习的教学目标中。该栏要说明本学期要形成的岗位核心素质有哪几项）							
		岗位3	顶岗实习									
			岗位素质	（大三要着重培养学生的岗位素质，岗位素质培养要体现在岗位项目或顶岗实习的教学目标中。该栏要说明本学期要形成的岗位核心素质有哪几项）							
		第三学年第二学期小计										

4.8 专业课程体系实施条件

4.8.1 实训基地

实训基地是指完成该课程体系需要的实训条件及体系结构。

1．实训基地建设结构

通过图示显示出服务于该专业的实训基地体系结构，主要包括校内实训基地、校外实训基地。校内实训基地包括基础训练、模拟仿真训练、生产性实训；校外实训基地包括顶岗实习项目、实习企业和主要就业企业。

2．实训基地简要说明

对实训基地中的每个实训室做简要的说明，包括主要设备、开设的实训项目、能够鉴定的工种等。

4.8.2　师资队伍

师资队伍是指完成该课程体系需要的专兼职专业教师，从双师素质和双师结构两方面提出要求。

1．双师结构

双师结构是指教师团队。建议：人员构成 9～14 人，专兼教师 1:1，其中专业带头人 1～2 人，骨干教师 4～6 人，兼职教师 4～6 人。对专业带头人、骨干教师、兼职教师提出具体要求。

2．双师素质

双师素质是指教师个人，包括专职教师的工程师素质要求，兼职教师的教师素质要求。

4.9　典型课程教学大纲模板

选取一门体现教学为一体的核心课程，写出教学大纲。教学大纲由学校教师和企业工程师共同完成，格式参照如下：

《＿＿＿＿＿＿＿＿》课程教学大纲

一、课程的性质与任务
  1．课程的性质
  2．课程的任务
  3．前导课程
  4．后续课程
二、课程素质、技能和知识培养目标
三、课程的教学内容与学时分配

序号	单元	教 学 目 标		主 要 内 容	学时
			理论教学	1. 2. 3. …	
			实训项目	1. 2. 3. …	
⋮	⋮	⋮	⋮	⋮	⋮
			理论教学	1. 2. 3. …	
			实训项目	1. 2. 3. …	
			（最后要安排综合性实践项目，如做大型作业、课程设计等）		
学 时 合 计			理论教学		
			实践教学		

四、课程教学条件

五、课程师资要求

六、教学方法与手段

七、考核方式及评分标准

八、教材及参考资料

第 5 章　基于职业岗位分析和学期项目主导的课程体系参考方案

基于职业岗位分析和学期项目主导的课程体系开发方法借鉴了发达国家职业教育的理念与方法，结合我国高等职业教育与产业结合的实际情况，具有在我国实施工学结合人才培养的实际操作意义。本章五个参考案例，从专业类别有比较成熟的计算机网络技术、软件技术、计算机信息管理专业，也有适应市场需求、新兴的嵌入式技术与应用、软件技术（欧美服务外包）；从区域有北京、天津、山东、河北；从学校体制有公办校、民办校；从办学发展有国家一、二批示范校和非示范校，从不同角度体现了基于职业岗位分析和学期项目主导的课程体系开发方法的操作性。

5.1　"嵌入式技术与应用"专业课程体系参考方案[①]

5.1.1　专业课程体系开发

课程体系是实施人才培养方案的载体，直接关系到培养什么样的合格毕业生的问题。高等职业教育是为区域经济发展培养生产一线的高技能人才，专业课程体系设计必须建立在对专业面向的职业岗位分析，专业培养目标确定，明确职业岗位对人才的技能、知识和素质要求的基础上。

1. 专业面向的职业岗位分析

嵌入式技术刚刚兴起，从事嵌入式技术应用的职业岗位在《IT 职业分类划分表》中仅有"嵌入式系统开发师"职业岗位，远不能反映嵌入式系统在实际生产中的广泛存在，以及嵌入式系统开发、生产、销售和应用对人才的不同需求。培养嵌入式系统高技能人才，需要对嵌入式系统所覆盖的职业岗位进行充分的分析。

专业面向的职业岗位分析是由学校提出需求，组织企业相关的人力资源部、生产部、研发部的管理人员和工程师与专业教师共同完成。职业岗位分析所要获得的数据是要形成课程开发的基础。

---

① 参加本方案设计的有：天津职业大学丁桂芝、赵家华、李占昌、张林中、孟庆杰等；北京博创兴业科技有限公司李泉、刘应杰、联同友、乾正光、赵宁。

（1）职业岗位划分

这里的职业岗位划分是从嵌入式系统开发、产品生产、销售等三个方面分析其工作流程，划分职业岗位。首先，从嵌入式系统层次结构分析入手；第二步，对嵌入式系统开发流程进行分析；第三步，对嵌入式产品生产流程进行分析；第四步，对嵌入式产品销售及技术支持进行分析。

由嵌入式系统开发、产品生产、销售和技术支持工作流程可以划分出嵌入式系统所需要的职业岗位，如表 5-1 所示。

表 5-1　职业岗位划分

职业岗位（一级）	岗位分类（二级）	岗位分类（三级）	分类岗位编号
销售岗位 （销售总监）	销售经理	产品销售工程师	GW 1-1-1
	技术支持部经理	技术支持工程师	GW 1-2-1
生产岗位 （生产总监）	焊接工程师		GW 2-1
	测试工程师	硬件测试工程师	GW 2-2-1
		软件测试工程师	GW 2-2-2
		系统功能测试工程师	GW 2-2-3
	硬件维修工程师		GW 2-3
研发岗位 （技术总监）	软件研发部经理	系统构建工程师	GW 3-1-1
		上层驱动开发工程师	GW 3-1-2
		上层应用程序开发工程师	GW 3-1-3
	硬件研发部经理	电路原理图设计工程师	GW 3-2-1
		PCB 设计工程师	GW 3-2-2
		FPGA 开发工程师	GW 3-2-3
		单片机开发工程师	GW 3-2-4
		底层驱动开发工程师	GW 3-2-5

（2）适合高职学生就业的职业岗位工作人员要求分析

首先，对职业岗位工作任务进行分析，这是上岗人员履行职责和义务的依据，也是对上岗人员进行资格认定的依据；其次，对职业岗位人员要求进行分析，即从职业素质、技能、相关知识、学历、工作经历方面具体提出要求；然后，将适合高职学生就业的职业岗位工作人员要求挑选出来，供高技能专业人才培养选择之用。

作为高职高专专业人才的培养，需要结合地域经济发展对人才的需求、自身办学实力、生源情况等，选择 2～3 个就业岗位对学生进行培养。

2．确定专业名称及专业培养目标

（1）专业培养目标分析

① 地域人才需求。近年来，随着计算机技术及集成电路技术的发展，嵌入式技术日渐普及，在通信、网络、工控、医疗、电子等领域发挥着越来越重要的作用。嵌入式系统无疑成为当前最热门、最有发展前途的 IT 应用领域之一。伴随着巨大的产业需求，我国嵌入式系统产业的人才需求量也一路高涨，嵌入式开发将成为未来几年最热门最受欢迎的职业之一。

嵌入式技术已经无处不在，从随身携带的 MP3、语言复读机、手机、PDA 到家庭之中的智能电视、智能冰箱、机顶盒，再到工业生产、娱乐中的机器人，无不采用嵌入式技术。各大跨国公司及国内家电巨头如 INTEL、TI、SONY、三星、TCL、联想和康佳等都面临着嵌入式人才严重短缺的挑战。

嵌入式技术在天津的产业发展中同样发挥中巨大的作用，而走在全国发展前列的安防企业就是典型的嵌入式企业。天津目前重要的安防企业包括天地伟业、亚安、嘉杰、天下数码、亿世茂、嘉安、恩普、唯成等。其对高技能人才的迫切需求是专业建设的基础。

② 自身办学实力。天津职业大学电信学院有计算机应用、计算机网络技术、计算机多媒体技术、软件技术、通信技术、应用电子技术六个专业。该学院集聚了计算机、电子、通信等多方面的专业教师。

学院现有实验室 14 个，主要包括电子技术实验室、电子综合实训室、电视与高频实验室、通信技术实验室、手机维修实习工厂、计算机技术实验室、软件开发综合实训中心、软件产品测试中心、网络工程实训中心、多媒体制作中心、创新制作室、项目开发室、校企联合研究中心等。

因此，具有从嵌入式系统层级开设专业的基础和能力。

③ 学制与招生对象。学制三年，招生对象为普通高中生和三校生。

④ 学生就业岗位选择。天津职业大学结合自身教学资源，瞄准天津安防企业嵌入式系统应用，选择上层应用程序开发工程师、测试工程师和销售工程师职业岗位。

（2）专业名称

专业名称：嵌入式技术与应用

专业代码：590121

（3）专业培养目标描述

嵌入式技术与应用专业培养德、智、体、美全面发展，具有与本专业领域方向相适应的文化知识，有良好的职业道德和创新精神，了解嵌入式系统知识体系及技术发展趋势，具有嵌入式系统工程学基本理念，初步掌握嵌入式系统构架设计基本知识，熟悉嵌入式软/硬件模块设计基本方法，熟练掌握嵌入式软件实现技能、嵌入式硬件实现与调试技能、嵌入式系统测试技能，具有嵌入式产品营销及技术支持能力，具有较强事业心和团队合作精神的高素质技能型人才。

3．学期项目主导的课程体系开发

学期项目主导的课程体系开发思想是基于职业岗位对高素质技能型人才上岗快的要求。学期项目是按照企业上岗人员完成任务的难易程度，由入门→独立接受简单任务→独立接受复杂任务→独立顶岗几个阶段，每学期选取至少一个典型的独立工作任务，学期课程全部是围绕学期项目所需要的技能、相关知识和素质要求组织教学。

专业面向的职业岗位对上岗人员素质、技能、相关知识和评价标准要求的分析如下：

天津职业大学"嵌入式技术与应用"专业面向的职业岗位为上层应用程序开发工程师、测试工程师、销售工程师和技术支持工程师，其对上岗人员的素质、技能、相关知识和评价标准要求分析是为了形成学期项目或课程教学元素。这里，着重分析的是"嵌入式技术与应用"专业培养的毕业生上岗应该具备的素质、技能、相关知识和工作完成情况的评价标准。表 5-2 分析的是产品销售工程师职业岗位对专业人才的素质、技能、相关知识要求及评价标准，表 5-3 是针对上层应用程序开发工程师、测试工程师和销售工程师职业岗位形成的第二学期和第五学期以学期项目为主导的课程体系。

表 5-2　职业岗位对专业人才的素质、技能、相关知识要求及评价标准

职业岗位	工作任务	工作内容	素质要求	技能要求	相关知识	评价标准
产品销售工程师	售前工作	1．挖掘潜在客户 2．分析潜在客户 3．确定客户需求 4．给客户演示产品 5．与客户建立良好的关系	1．职业核心素质：大局观、踏实、抗挫抗压能力、应变能力、理解能力、主动性、诚信、问题解决能力、责任感、学习能力、团队合作、沟通能力	1．能用流利清楚的中文与客户沟通、专业术语用英文表达	IT 英语	客户资源及客户关系
				2．能用数学工具和信息处理工具（Excel）分析潜在客户	市场调研与分析（市场营销、消费者行为学、经济学）；计算机综合应用能力（MOS）	
				3．能用信息处理工具（PPT）给客户演示产品	计算机综合应用能力（MOS）	
				4．能操作实际产品给客户演示	计算机综合应用能力（MOS）；Linux，WinCE，μC/OS-II 等各种软件开发环境应用及配套仿真工具	

职业岗位	工作任务	工作内容	素质要求	技能要求	相关知识	评价标准
产品销售工程师	售中工作	6.做解决方案 7.制作标书 8.参加招投标 9.签订合同	2.岗位核心素质：口头表达能力、组织能力、顾客导向、情绪控制与调适、亲和力、乐群性	5.能遵循行业规范用信息处理工具制作规范的解决方案和标书	计算机综合应用能力（MOS）；行业规范条例和行业背景知识 标书书写规范（案例说明） 产品性能指标（具备研发工程师专业理论知识）	标书质量及签订合同情况
				6.按照招投标规则参加招投标（含答辩）	行业规范条例和行业背景知识 产品性能指标（具备研发工程师专业理论知识）	
				7.依据法律规则签订合同	合同法、合同制订规范（经济法）	
	回款工作	10.供货、验收 11.项目回款		8.依据合同供货、验收	营销策略	汇款数目及时间
				9.依据合同回款	营销策略、合同法	

表5-3　学期项目形成表

学期		素质、技能、知识元素	整合课程	学期项目
一	职业素质	踏实、抗挫抗压能力、理解能力、主动性、诚信、问题解决能力、学习能力	1.计算机综合应用能力 2.嵌入式系统导论 3.模、数电路 4.C语言与数据结构 5.职业素质（1）	识读PMP软/硬件系统
	技能	1. Word、Excel、PowerPoint、Internet应用能力 2.能识读电路原理图 3.能分析电子电路原理图 4.能对客户进行产品使用培训 5.能提出冗余裁减建议 6.能用C编写简单的程序		
	知识	1.计算机综合应用能力 2.嵌入式芯片定义 3.模拟电子线路、数字电路 4.C语言、数据结构		
二	职业素质	踏实、抗挫抗压能力、理解能力、主动性、诚信、问题解决能力、学习能力	1. IT英语 2.单片机组成原理与应用 3. Linux操作系统 4.职业素质（2）	实现数字电子时钟/LED屏（用单片机）
	技能	1.能阅读IT英文资料 2.能使用万用表测试主板 3.能使用示波器测试主板 4.能使用焊接工具进行主板、芯片的焊接 5.能按照项目需求，使用C及汇编指令集，编写应用程序 6.能使用数据结构进行代码优化		

学期		素质、技能、知识元素	整合课程	学期项目
二	知识	1. IT 英语 2. 微处理器体系结构，微机组成原理，单片机，汇编语言 3. 设备驱动、内存管理和文件系统		
三	职业素质	踏实、抗挫抗压能力、应变能力、理解能力、主动性、诚信、问题解决能力、责任感、学习能力、团队合作、沟通能力	1. 软件测试技术； 2. 基于 Linux 的 C 程序设计（1）； 3. ARM 体系结构及应用； 4. 软件工程	调试机器人
	技能	1. 能阅读测试启动程序、测试接口驱动、测试领域内的新软件的英文资料 2. 能使用专业仿真工具进行硬件测试 3. 能读中英文系统构建文档，理解产品及项目需求 4. 能按照项目需求，使用 C 及 ARM 汇编指令集，编写应用程序 5. 能使用软件调试工具，软件编译工具对应用程序在操作系统中的编译调试跟踪并生成可执行文件		
	知识	1. 软件测试技术 2. ARM 体系结构，汇编语言 3. Linux，WinCE，μC/OS-II 等各种软件开发环境应用及配套仿真工具 4. 软件工程		
四	职业素质	大局观、踏实、抗挫抗压能力、应变能力、理解能力、主动性、诚信、问题解决能力、责任感、学习能力、团队合作、沟通能力	1. TCP/IP 协议 2. 嵌入式操作系统 3. 基于 Linux 的 C 程序设计（2）	实现 Web 远程监控（用嵌入式系统）
	技能	1. 能完成 Linux、Windows 操作系统安装 2. 能够完成仿真开发环境的安装 3. 能按照项目需求，使用 C 及 ARM 汇编指令集，编写嵌入式系统下的应用程序 4. 能使用嵌入式系统的软件调试工具，软件编译工具对应用程序在操作系统中的编译调试跟踪并生成可执行文件		
	知识	1. TCP/IP 协议 2. Linux，WinCE，μC/OS-II 等嵌入式操作系统的工作原理、开发、移植、应用 3. 网络编程；GUI 软件；多任务编程		
五	**开发岗位核心素质：** 逻辑思维能力、时间管理、态度严谨、成就导向、口头表达能力、创新性、注重细节、计划性。 **开发职业岗位核心能力：** 1. 系统安装；2. 软件安装；3. 理解产品及项目需要；4. 编写嵌入式系统下应用程序；5. 调试应用程序，生成可执行文件；6. 编写规范软件开发文档			HMI 应用开发

学期	素质、技能、知识元素	整合课程	学期项目
五	加强的知识： 1. C 语言，特别是嵌入式工程实践中常用的库函数 2. RTOS 内核定制与裁减 3. Linux，WinCE，μC/OS-II 等嵌入式操作系统的仿真开发工具 4. 嵌入式系统库函数		HMI 应用开发
	测试岗位核心素质： 态度随和、成就导向、耐心、口头表达能力、注重细节、计划性、逻辑思维能力、时间管理 测试职业岗位核心能力： 1. 阅读简单的英文资料；2. 看电路原理图；3. 分析电子电路原理；4. 使用万用表进行检测；5. 使用示波器进行检测；6. 使用焊接工具进行焊接；7. 使用专业工具进行硬件测试；8. 建立软件测试环境；9. 测试启动程序，测试驱动程序；10. 应用程序的功能测试；11. 编写测试文档；12. 辅助研发工程师对现有硬件测试规范、流程、方法、技术进行改进 加强的知识： 1. 专业的嵌入式软件测试工具； 2. TCP/IP 协议的软件测试； 3. 接口驱动程序设计原理，启动程序设计原理		智能酒店客房控制系统测试
	销售岗位核心素质： 口头表达能力、组织能力、顾客导向、情绪控制与调适、亲和力、乐群性 销售职业岗位核心能力： 1. 挖掘潜在客户；2. 分析潜在客户；3. 确定客户需求；4. 给客户演示产品；5. 与客户建立良好的关系；6. 做解决方案；7. 制作标书；8. 参加招投标；9. 签订合同；10. 供货、验收；11. 项目回款 加强的知识： 1. 市场调研与分析（市场营销、消费者行为学、经济学）； 2. 合同法、合同制订规范（经济法）		PMP 产品销售
六	1. 养成岗位核心素质 2. 形成通用能力，主要包括自我学习能力、与人交流能力、信息处理能力、与人合作能力、数字应用能力、解决问题能力和创新能力		顶岗实习（学生选择一个岗位实习）

5.1.2 专业课程体系

1. 专业课程体系链路

嵌入式技术与应用专业课程体系框图如图 5-1 所示。

2. 专业课程体系链路描述

（1）通用能力培养体系描述

通用能力培养体系是三年对学生的培养所要形成的职业核心竞争力，主要包括自我学习能力、与人交流能力、信息处理能力、与人合作能力、数字应用能力、解决问题能力和创新能力。

（2）职业基本能力培养体系描述

职业基本能力体系由支撑学期项目的课程构成。

（3）职业核心能力培养体系描述

职业核心能力培养体系是指培养学生综合素质的学期项目。

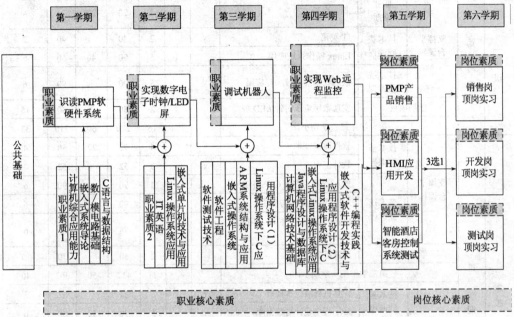

图 5-1　嵌入式技术与应用专业课程体系框图

5.1.3　专业课程体系教学计划

专业课程体系教学计划表如表 5-4 所示。

表 5-4　专业教学计划表

年级	学期	课程类型		课程名称	考试方式		学分	学时			周学时
					考试	考查		总计	讲课	实训	
一年级	第一学期	支撑平台课程	职业素质	职业素质（1）		√	2	20	20		4
			技术基础课程	计算机综合应用能力		√	1	30		30	2
				嵌入式系统导论		√	1	30	30		3
				数/模电路基础	√		5	80	40	40	5
				C语言与数据结构	√		6	100	40	60	7
		学期项目		识读 PMP 软硬件系统		√	2	30		30	15
		第一学年第一学期小计					17	290	130	160	36

71

年级	学期	课程类型		课程名称	考试方式		学分	学时			周学时
					考试	考查		总计	讲课	实训	
一年级	第二学期	支撑平台课程	职业素质	职业素质（2）		√	2	20	20		4
			技术基础课程	IT 英语	√		2	40		40	2
				Linux 操作系统应用		√	5	90	40	50	6
			技术技能课程	嵌入式单片机技术与应用		√	5	90		90	6
		学期项目		实现数字电子时钟/LED 屏		√	2	30		30	15
		第一学年第二学期小计					16	270	60	210	33
二年级	第一学期	支撑平台课程	技术基础课程	软件测试技术	√		4	72	22	50	4
				软件工程	√		3	52	52		3
			技术技能课程	嵌入式操作系统（μC/OSII）与应用		√	5	90		90	6
				ARM 系统结构与应用		√	5	90		90	6
				Linux 操作系统下 C 应用程序设计（1）		√	4	78	28	50	6
		学期项目		调试机器人		√	2	30		30	15
		第二学年第一学期小计					23	412	50	362	40
		支撑平台课程	技术基础课程	计算机网络技术基础	√		3	52	52		3
				Java 程序设计与数据库	√		5	90	30	60	6
			技术技能课程	嵌入式 Linux 操作系统应用		√	5	90	30	60	6
				Linux 操作系统下 C 应用程序设计（2）		√	4	78	28	50	6
				嵌入式软件开发技术与C++编程实践		√	5	90		90	6
		学期项目		实现 Web 远程监控		√	2	30		30	15
		第二学年第二学期小计					24	430	88	342	42
三年级	第一学期	销售岗位	岗位项目	PMP 产品销售		√	5	90		90	6
		开发岗位	岗位项目	HMI 应用开发		√	5	90		90	6
		测试岗位	岗位项目	智能酒店客房控制系统测试		√	5	90		90	6
		第三学年第一学期小计					15	270		270	18
	第二学期	3选1	岗位1	顶岗实习	销售岗		24	480			
			岗位2	顶岗实习	开发岗		24	480			
			岗位3	顶岗实习	测试岗		24	480			
		第三学年第二学期小计					24	480			

5.1.4 专业课程体系实施条件

1. 实训基地

（1）实训基地建设结构

"嵌入式技术与应用"专业实训基地建设结构图如图 5-2 所示。

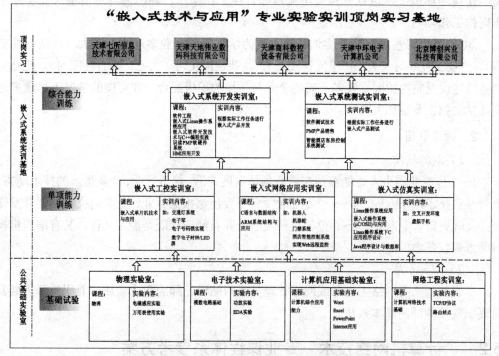

图 5-2 "嵌入式技术与应用"专业实训基地建设结构

（2）实训基地简要说明

① 公共基础实训室。公共基础实训室完成计算机综合应用基础、电子技术等基础性实验，实训基地与其他专业共享。

② 嵌入式系统实训室。嵌入式系统实训室以"嵌入式技术与应用"专业应用为主。

基地功能：融技能点选练、单项能力训练、综合能力训练、职业技能鉴定、科技开发、学生科技创新、社会服务于一体，服务区域经济，辐射周边地区。

基地规模：建成 5 个能够分别容纳 40 名学生的实训室，包括：单项能力训练实训室 3 个，职业岗位综合能力训练实训室 2 个。其中，单项能力训练实训室包括嵌入式仿真实训室、嵌入式工控基础实训室、嵌入式网络应用实训室；职业岗位综合职业能力训练实训室包括嵌入式系统开发实训室和嵌入式系统测试实训室。

基地教学形式：课程实验属技能点训练，主要是针对课程实验实训项目的实践训练；单项能力实训属操作性训练，目的是运用所掌握的操作技能，单项能力训练通常在仿真工作现场的环境下，进行任务式大作业操作，训练内容可借鉴大学生电子设计竞赛；综合能力实训室属工作性训练，目的是通过实训操作提升工作经验，通常在真实工作现场环境下，进行分步骤全流程综合性工作操作，训练内容可借鉴企业实际工作岗位工作项目。

③ 校外实训基地。校外实训基地主要为学生提供企业参观实习（大一：认识性实习）、企业工位实习（大二：单元性实习）、就业顶岗实习（大三：综合性实习）。校外实训基地建设受制约的因素较多，需要企业与学校的积极配合，在可能的情况下尽量多地安排学生到企业参加实训。

2．师资队伍

（1）双师结构

1～2 位专业带头人要能够站在专业领域发展前沿，熟悉行业、企业最新的技术动态，把握专业技术改革方向，4～6 位专业教学骨干要能够根据行业、企业岗位群需要开发课程，及时更新教学内容。4～6 位相对稳定的兼职教师应该既是能工巧匠，又有培训机构讲师或高校任教的经历。

（2）双师素质

专职教师需要网络工程师或网络管理员或网站设计师的职业素质，兼职教师需要具有高职院校教师的基本素质。

5.2 "计算机网络技术"专业课程体系参考方案[①]

5.2.1 专业课程体系开发

课程体系是实施人才培养方案的载体，直接关系到培养什么样的合格毕业生的问题。高等职业教育是为区域经济发展培养生产一线高技能人才，专业课程体系设计必须建立在对专业面向的职业岗位分析、专业培养目标确定、明确职业岗位对人才的技能、知识和素质要求的基础上。

1．专业面向的职业岗位分析

计算机网络技术是高速发展的 IT 产业的一个重要组成部分，已成为首都地方经济发展的重点和热点。随着网络技术的飞速发展，对岗位的要求不断变化，对适应岗位人才

---

① 参加本方案设计的有：北京电子科技职业学院何兵、于京、杨洪雪；北京水木青青科技有限公司总经理礼平。

的职业能力和素质不断提出新的更高的要求，培养网络技术高技能人才，需要对网络技术所覆盖的职业岗位进行充分的分析。专业面向的职业岗位分析是由学校提出需求，组织企业相关的人力资源部、生产部、研发部的管理人员和工程师与专业教师共同完成。职业岗位分析所要获得的数据是要形成课程开发的基础。

（1）职业岗位划分

计算机系统集成行业是计算机网络技术专业人才主要的就业领域，职业岗位分析从这里开始。第一步，计算机系统集成行业组织机构分析；第二步，对计算机系统集成工作流程进行分析；第三步，计算机集成行业网络方向职业岗位分析。通过分析确定四个一级职业岗位，分别是网络系统设计师、计算机网络管理员、网络建设工程师和网站开发师，具体如表 5-5 所示。

表 5-5　职业岗位划分

职业岗位（一级）	岗位分类（二级）	岗位分类（三级）	分类岗位编号
网络系统设计师	网络系统设计师	网络系统设计师	w-1-1
网络建设工程师	综合布线工程师	布线设计工程师	w-2-1
		布线现场工程师	w-2-2
	实施工程师	网络实施工程师	w-2-3
		服务器实施工程师	w-2-4
计算机网络管理员	网络维护工程师	网络运维工程师	w-3-1
		系统运维工程师	w-3-2
	安全工程师	网络安全工程师	w-3-3
		系统安全工程师	w-3-4
网站开发师	Web 前端工程师	Web 前端工程师	w-4-1
	Web 工程师	Web 架构工程师	w-4-2
		Web 开发工程师	w-4-3

（2）适合高职学生就业的职业岗位工作人员要求分析

首先，对职业岗位工作任务进行分析，这是上岗人员履行职责和义务的依据，也是对上岗人员进行资格认定的依据；其次，对职业岗位人员要求进行分析，即从职业素质、技能、相关知识、学历、工作经历方面具体提出要求；然后，将适合高职学生就业的职业岗位工作人员要求挑选出来，供高技能专业人才培养选择之用。

作为高职高专专业人才培养，需要结合地域经济发展对人才的需求、自身办学实力、生源情况等，选择 2～3 个就业岗位对学生进行培养。

2. 确定专业名称及专业培养目标

（1）专业培养目标分析

① 地域人才需求。目前，北京正在实施"信息化带动工业化"的战略，信息技术的飞速发展使得该领域的高技能人才供不应求。

② 自身办学实力。北京电子科技职业学院地处北京电子城科技园区，是北京市规划的，以发展通信、IT、电子信息制造业为主的科技园区。学院的地理位置决定了学院有独特的条件向这些园区内的企业提供训练有素的计算机网络技术专业人才来从事网络的建设管理、应用开发和运行维护等工作。另外，通过与国家职业认证部门、信产部和一些国际知名行业认证公司合作，计算机网络技术专业已经承担了相关的行业资格认证工作，如国家高新技术考试，国家软件职业资格认证考试（软件类），华为认证，思科认证培训等。计算机网络技术专业目前的这些情况说明该专业对地区的 IT 职业人才的培养做出了贡献，并被社会认可，有一定的知名度，所以需要将该专业整体提升到更高的层次为行业的发展贡献更大的力量。

计算机网络技术专业是我院的"长线专业"，自开办以来已经有 20 年的历史。计算机网络技术专业拥有实力雄厚、条件一流的校内外实训基地：一个占地面积近 1 000平方米，资产总值近 700 万的电子自动化实训基地，该基地是中央财政部支持的国家级实训基地；另一个占地面积近 1 000 平方米，资产总值近 700 万的计算机网络技术综合实训基地。

此外，还建有网络基础、网络综合布线、网络互联技术、网络设备虚拟仿真、网络操作系统 Linux 应用技术、多媒体应用技术、微机控制应用技术、计算机组装与维护及六个综合应用的计算机机房。

③ 学制与招生对象。学制三年，招生对象为普通高中生和三校生。

④ 学生就业岗位选择。

（2）专业名称

专业名称：计算机网络技术

专业代码：590102

（3）专业培养目标描述

本专业培养德、智、体、美等全面发展的，具有良好政治思想素质、职业道德和创新精神，具有与本专业领域相适应的文化知识，有良好的职业道德和创新精神，了解计算机网络知识体系及技术发展趋势，掌握计算机网络基本理论和网络系统构架设计基本知识，具有网络组建、调试能力，网络运营维护能力、网络编程能力，具有较强事业心和团队合作精神的高素质技能型人才。

3. 学期项目主导的课程体系开发

学期项目主导的课程体系开发思想是基于职业岗位对高技能人才上岗快的要求。学期项目是按照企业上岗人员完成任务的难易程度，由入门→独立接受简单任务→独立接受复杂任务→独立顶岗几个阶段，每学期选取至少一个典型的独立工作任务，学期课程全部是围绕学期项目所需要的技能、相关知识和素质要求组织教学。

专业面向的职业岗位对上岗人员素质、技能、相关知识和评价标准要求的分析如下：

北京电子科技职业学院"计算机网络技术"专业面向的职业岗位为计算机网络建设工程师、计算机网络管理员和网站开发工程师，其对上岗人员的素质、技能、相关知识和评价标准要求分析是为了形成学期项目或课程教学元素。这里，着重分析的是"计算机网络技术"专业培养的毕业生上岗应该具备的素质、技能、相关知识和工作完成情况的评价标准。具体分析如表 5-6 和表 5-7 所示。

表 5-6 "职业岗位对上岗人员素质、技能、知识和评价标准要求的分析"

职业岗位	工作任务	工作内容	素质要求	技 能 要 求	相关知识	评价标准
网络实施工程师	在现有网络中安装新的设备或建设新的网络系统	1.建立项目实施计划 2.机房准备标准和设备安装现场环境标准 3.产品的到货和开箱验收 4.设备安装具体技术步骤 5.系统的验收和开通 6.网络项目中设备安装、调试出现故障时的具体应急方案	头脑灵活，心灵手巧工作认真，不浮躁，完好的责任心	1. 能够对网络安全产品安装 2. 能够安装、配置和维护 DHCP 服务器、DNS 服务器、FTP 服务器和 WWW 服务器 3. 能够按照网络管理的需求划分 IP 子网 4. 能够配置路由器、交换机 5. 掌握主流防火墙、RRAS 服务器和 VPN 服务器安装技术以及在完整网络环境下的实际应用 6. 安装和配置微软 ISA/ Cisco PIX 防火墙和 HTTP、FTP、POP3、SMTP 等协议在防火墙设置中的实际应用，掌握动态过滤、邮件/FTP 过滤、Web 访问、SQL 数据过滤等技术 7. 能够安装、配置和维护小型防火墙软件	1. 熟悉各种网络协议 2. 熟悉网桥、交换机的原理与使用虚拟局域网（VLAN） 3. 熟悉 TCP/IP 协议与应用服务的实现 4. 了解路由器原理与路由协议 5. 熟悉 Cisco 产品线 6. 熟悉 Huawei-3com 产品线	能否按照要求完成网络施工

职业岗位	工作任务	工作内容	素质要求	技 能 要 求	相关知识	评价标准
网络运维工程师	维护网络设备	1．网络及其设备的维护、管理、故障排除等 2．监控异常流量，制订应急预案，并采取措施 3．针对网络应用，实施网络控制策略 4．无线网络部署 5．对网络拓展、设备的更新、升级提出建议	学习能力、工作认真	1．能对路由器、交换机进行配置、备份、恢复 2．能熟练掌握各种网络测试命令，快速分析故障原因、定位故障点 3．全面的网络硬测试件知识，对网络布线系统有一定了解 4．对无线网络的配置使用（访问点部署、桥接、加密）	1．思科、华为等主流路由器、交换机的配置调试方法 2．了解 TCP/IP 协议 3．了解无线网络协议 4．掌握相关网管软件	能否保障网络的正常运行及快速发现、定位和排除网络故障
Web 开发工程师	开发并实现网站后台逻辑功能	1．网站后台功能实现 2．编写程序的配套文档与说明 3．网站完整功能运行调试 4．网站功能维护	较强的逻辑思维能力团队合作能力良好文档写作能力	1．能够进行网站功能设计，编码，测试，调试 Web 应用程序 2．能独立完成应用程序的设计及体系架构的实施 3．能独立承担一个子系统或子项目的设计和开发任务 4．能进行单元测试和系统测试 5．能够依据产品概要进行系统框架和核心模块的详细设计，进行编码工作	1．精通网站开发技术（Java 或 MS.NET 等技术） 2．了解操作系统 3．了解软件工程和过程控制等相关知识 4．熟悉设计模式、数据结构、数据库系统 5．了解质量管理规范和标准	是否符合软件开发规范

表 5-7　学期项目形成表

学期		素质、技能、知识元素	整合课程	学期项目
一	职业素质一	工作认真细致、清楚的表达能力、英文阅读能力、服务意识、逻辑思维能力、态度严谨	1．计算机组装与维修 2．程序设计基础 3．职业素质（1）	PC 单机版纸牌游戏
	技能	1．具有简单程序设计能力 2．能维护 PC 和各种外设的硬件 3．能安装 PC 中的操作系统软件及各种常用软件		
	知识	1．PC 和各种外设内部结构及性能 2．编程基础和软件工程		
二	职业素质二	吃苦踏实肯干、组织协调能力、沟通能力强、良好的表达能力、理解能力、问题解决能力、学习能力	1．网络基础与局域网组建 2．网络数据库管理 3．Java 开发入门与项目实战 4．职业素质（2）	小型局域网规划和设计

学期	素质、技能、知识元素		整合课程	学期项目
二	技能	1. 能够按照网络建设的需求划分 IP 子网、设计网络结构 2. 能制作、检测和安装常用传输介质 3. 能够安装和维护服务器及其他存储设备 4. 能安装和配置各种病毒防护软件 5. 具有网站编程能力		
	知识	1. 局域网技术及 TCP/IP 协议 2. 传输介质的分类及制作连接标准 3. 主流服务器及存储设备性能参数 4. 网络数据库 5. 面向对象程序设计		
三	职业素质三	团队合作、时间管理、文档撰写能力、抗挫抗压能力	1. 网络拓扑实现及路由交换配置 2. 网络服务与管理 3. Web 前端设计 4. 网络应用程序开发	园区网络规划与实施 网络应用系统建模与实现
	技能	1. 配置和管理交换机及路由器 2. 安装、配置 Windows 、Linux 操作系统 3. 能够使用网站设计软件进行页面布局和设计 4. 基于网络协议的应用程序编写		
	知识	1. 网络设备（路由器、交换机）配置和调试 2. 网络操作系统（Windows、Linux） 3. HTML 编程和 CSS 样式开发 4. Dreamweaver 软件的使用 5. 图像处理工具 6. 掌握网站特效制作		
四	职业素质四	团队合作、组织协调能力、沟通能力强、良好的表达能力、文档撰写能力	1. 网络工程规划与实施 2. 网络检测与网络监控 3. 网络维护与网络安全 4. 网站建设及 B/S 系统设计	异地中小企业网络构建 数据中心（IDC）管理与维护
	技能	1. 系统分析设计 2. 工程项目文档撰写 3. 安装和配置各种病毒防护软件 4. 监控异常流量，制订应急预案，并采取措施 5. 规划和配置系统安全策略 6. 配置和管理主流安全设备（防火墙及入侵检测系统） 7. 编写应用程序 8. 调试部署应用程序 9. 编写规范软件开发文档		
	知识	1. 网络病毒原理；黑客攻击的基本手法及预防措施 2. 防火墙基本工作原理和配置命令 3. Java 开发技术（或 MS.NET 技术） 4. 网络监控软件的使用 5. 网络系统集成		

学期	素质、技能、知识元素	整合课程	学期项目
五	**网络施工岗位核心素质：** 吃苦肯干、组织协调能力、沟通能力强、良好的表达能力、文档撰写能力 **网络施工职业岗位核心能力：** 1.系统分析设计；2.工程项目文档撰写；3.设计网络结构、IP地址划分；4.配置和管理交换机及路由器；5.能制作、检测和安装常用的传输介质；6.安装服务器及其他存储设备；7.安装、配置 Windows、Linux 操作系统 **加强的知识：** 1.网络设备(路由器、交换机)配置和调试；2.局域网技术及 TCP/IP 相关协议；3.传输介质的分类及相应的制作连接标准；4.主流服务器及存储设备的硬件性能参数；5.PC 和各种外设的内部结构及性能；6.AUTOCAD、VISIO 绘图软件使用；7.网络操作系统（Windows、Linux）	网络工程综合实战项目
	网络运维岗位核心素质： 工作认真细致、清楚的表达能力、英文阅读能力、服务意识 **网络运维职业岗位核心能力：** 1.维护服务器及其他存储设备；2.管理交换机及路由器；3.数据库管理；4.安装和配置各种病毒防护软件；5.规划和配置系统安全策略；6.配置和管理主流安全设备（防火墙及入侵检测系统）；7.管理 Windows、Linux 操作系统 **加强的知识：** 1.网络设备（路由器、交换机）配置和调试；2.主流服务器及存储设备的硬件性能参数；3.数据库技术；4.PC 和各种外设的内部结构及性能；5.网络操作系统（Windows、Linux）；6.网络病毒原理；7.黑客攻击的基本手法及预防措施；8.防火墙的基本工作原理和配置命令	网络运维综合实战项目
	网络开发岗位核心素质： 逻辑思维能力、团队合作、时间管理、态度严谨、成就导向、口头表达能力、创新性、注重细节、计划性 **网络开发职业岗位核心能力：** 1.系统安装；2.软件安装；3.项目需要分析；4.编写应用程序；5.调试部署应用程序；6.编写规范软件开发文档 **加强的知识：** 1.Java 开发技术（或 MS.NET 技术）；2.数据结构；3.编程基础和软件工程；4.主流网站、网络设计；5.数据库技术；6.HTML 编程和 CSS 样式开发；7.Dreamweaver 软件的使用；8.图像处理工具；10.掌握网站特效制作	网络编程综合实战项目
六	1.岗位核心素质：吃苦肯干、组织协调能力、沟通能力强、良好的表达能力、文档撰写能力、工作认真细致、英文阅读能力、服务意识、逻辑思维能力、团队合作、时间管理、态度严谨、成就导向、创新性、注重细节、计划性 2.形成通用能力，主要包括自我学习能力、与人交流能力、信息处理能力、与人合作能力、数字应用能力、解决问题能力和创新能力		网络实施岗顶岗实习 网络运维岗顶岗实习 网络开发岗顶岗实习

5.2.2 专业课程体系

1. 专业课程体系链路

计算机网络技术专业课程体系框图如图 5-3 所示。

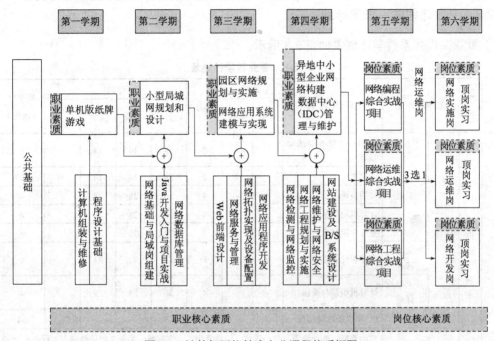

图 5-3 计算机网络技术专业课程体系框图

2. 专业课程体系链路描述

（1）通用能力培养体系描述

在课程体系中，通过公共基础课程的学习，提高学生的政治素质、职业道德、身心素质、法律意识和人文素质。在基础课、技能课程和学期项目的学习过程中，贯穿对学生的交流、数字应用、信息技术、团队协作、解决问题、学习自我管理发展等通用能力的培养。

（2）职业基本能力培养体系描述

职业基本能力是指由课程支撑的单项能力。通过 12 门单项技能课程的学习，培养学生的计算机应用能力、局域网的设计、组建、配置和维护能力、网络数据库的使用与管理能力、网络工程的综合布线能力、网络工程项目的整体实施、测试、故障排查、验收能力、基于 B/S、C/S 结构的网络应用项目的开发能力、技术支持和 IT 产品营销等能力。

（3）职业核心能力培养体系描述

学期项目是由校企联合开发的囊括了学期多门课程的综合性项目，按项目组形式组织完成，注重考察学生阶段性的综合能力，并且按照行业标准要求学生提供项目在策划、需求分析、系统分析、实施、测试、整改等各个阶段的文档，全面提高学生的综合素质，并努力使学生体验行业的工作氛围。学期项目设计由简单到复杂，按照职业成长的内在规律培养职业核心能力。

5.2.3 专业课程体系教学计划

专业课程体系教学计划表如表 5-8 所示。

表 5-8 专业教学计划表

年级	学期	课程类型		课程名称	考试方式		学分	学时				周学时（课内）
					考试	考查		总计	讲课	实训	顶岗实习	
一年级	第一学期	支撑平台课程	职业素质	思想道德修养与法律基础		√	2	28	14	14		2
				体育 1		√	2	28	14	14		2
				实用英语 1		√	4	56	28	28		4
				计算机应用基础		√	4	56	28	28		4
				专业应用数学		√	5	70	35	35		5
			技术基础课程	程序设计基础	√		67	84	42	42		6
			技术专业课程	计算机组装与维修	√		4	56	28	28		4
		学期项目		PC 单机版纸牌游戏	√		2	48				24
		职业核心素质		政治素质、职业道德、身心素质、法律意识、人文素质、简单文档处理能力、程序设计能力和计算机组装维修能力								
		第一学年第一学期小计			3	5	29	426	213	213		27
	第二学期	支撑平台课程	职业素质	毛泽东思想、邓小平理论和"三个代表"重要思想概论		√	3	48	24	24		3
				体育 2		√	2	32	16	16		2
				实用英语 2		√	4	64	32	32		
				实用语言文字基础		√	2	32	16	16		2
			技术基础课程	网络基础与局域网组建	√		6	96	48	48		6
				网络数据库管理			4	64	32	32		4
			技术技能课程	Java 开发入门与项目实战	√		8	128	64	64		8
		学期项目		小型局域网规划和设计		√	2	48		48		24
		职业核心素质		政治素质、职业道德、身心素质、法律意识、人文素质、面向对象开发、简单网络规划和实施								
		第一学年第二学期小计			3	5	33	512	256	256		25

年级	学期	项目与课程		课程名称	考试方式		学分	学时				周学时（课内）
					考试	考查		总计	讲课	实训	顶岗实习	
二年级	第一学期	支撑平台课程	技术基础课程	Web 前端设计	√		4	64	32	32		4
			技术专业课程	网络拓扑实现及路由交换配置	√		8	128	64	64		8
				网络服务与管理	√		4	64	32	32		4
				网络应用程序开发	√		6	96	48	48		6
		学期项目		1. 园区网络规划与实施 2. 网络应用系统建模与实现		√	2	48		48		24
		职业核心素质		网络设备安装、调试与维护，网络应用开发，网络服务配置								
		第二学年第一学期小计			4	1	24	400	176	224		22
	第二学期	支撑平台课程	技术基础课程	网络维护与网络安全	√		4	64	32	32		4
				网络检测与网络监控	√		4	64	32	32		4
			技术技能课程	网络工程规划与实施	√		8	128	64	64		8
				网站建设及B/S系统设计	√		8	128	64	64		8
		学期项目		1. 数据中心（IDC）管理与维护 2. 异地中小企业网络构建		√	2	48		48		24
		职业核心素质		网络工程项目设计、实施、验收和运维								
		第二学年第二学期小计			4	1	26	432	192	240		24
三年级	第一学期	岗位1	岗位项目	网络编程综合实战项目		√	6	144		144		24
			岗位素质	设计和规划网站的整体架构，设计并实现最终用户界面，开发并实现网站后台逻辑功能								
		岗位2	岗位项目	网络工程综合实战项目		√	6	144		144		24
			岗位素质	规划设计布线方案，实施布线设计方案，网络设备安装调试，服务器安装调试								
		岗位3	岗位项目	网络运维综合实战项目		√	6	144		144		24
			岗位素质	维护网络设备及传输线路，维护服务器设备及 PC，维护网络及系统的安全								
		第三学年第一学期小计				3	18	432		432		24
	第二学期	顶岗实习		企业预就业		√	18	432			432	24
		岗位素质		设计和规划网站的整体架构，设计并实现最终用户界面，开发并实现网站后台逻辑功能								
		顶岗实习		企业预就业		√	18	432			432	24
		岗位素质		规划设计布线方案，实施布线设计方案，网络设备安装调试，服务器安装调试								
		顶岗实习		企业预就业		√	18	432			432	24
		岗位素质		维护网络设备及传输线路，维护服务器设备及 PC，维护网络及系统的安全								
		第三学年第二学期小计				3	54	1296			1296	24

5.2.4　专业课程体系实施条件

1．实训基地

（1）实训基地建设结构

"嵌入式技术与应用"专业实训基地建设结构图如 5-4 所示。

（2）实训基地简要说明

① 专业实训室：负责完成单项技能类课程的教学。

② "校内项目工厂"：按照公司实景建立"项目开发基地"，与企业签订"项目外包合作协议"，学生和教师组成项目组，做到学生"校内上岗"。

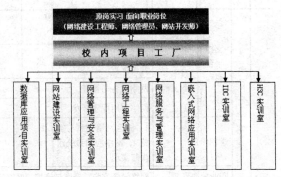

图 5-4　"嵌入式技术与应用"专业实训基地建设结构

2．师资队伍

（1）双师结构

教师队伍是完成专业建设目标的重要保证。1～2 位专业带头人要能够站在专业领域的发展前沿，熟悉行业企业最新的技术动态，把握专业技术的改革方向，4～6 位专业教学骨干要能够根据行业、企业岗位群需要开发课程，及时更新教学内容。4～6 位相对稳定的兼职教师应该既是能工巧匠，又有培训机构讲师或高校任教的经历。

（2）双师素质

专职教师需要网络工程师或网络管理员或网站设计师的职业素质，兼职教师需要具有高职院校教师的基本素质。

5.3　"计算机信息管理"专业课程体系参考方案[①]

5.3.1　专业课程体系开发

1．专业面向的职业岗位分析

随着企业信息化的建设，信息系统类的职业岗位在《IT 职业分类表》中共划分为八类。为了明确高职计算机信息管理专业面向的职业岗位，需要在参考《IT 职业分类表》的基础上，对信息系统相关的职业岗位进行充分的分析。

---

① 参与本方案设计的有：山东商业职业技术学院徐红、孟繁兴、张炯、王爱华、朱旭刚、王灿、张宗国；山大鲁能易通公司王永乾；金蝶济南分公司王庆春。

专业面向的职业岗位分析是由学校提出需求，组织企业相关的人力资源部、生产部、研发部的管理人员和工程师与专业教师共同完成的。职业岗位分析所要获得的数据是课程开发的基础。

（1）职业岗位划分

从信息系统的开发、实施、销售三个方面分析其工作流程，划分职业岗位。首先，从信息系统的开发和产品生产分析入手；第二步，对信息系统实施流程进行分析；第三步，对信息系统销售流程进行分析。

由信息系统开发和产品生产、实施和销售工作流程可以划分出信息系统所需要的职业岗位，如表 5-9 所示。

表 5-9　职业岗位划分

职业岗位（一级）	岗位分类（二级）	岗位分类（三级）	分类岗位编号
销售岗位（销售总监）	销售经理	产品销售工程师	GW1-1-1
实施岗位（技术总监）	实施部经理	实施顾问	GW2-1-1
		客户化开发工程师	GW2-1-2
技术服务类岗位（平台支持总监）	技术支持经理	售前技术支持工程师	GW3-1-1
		售后服务工程师	GW3-1-2

（2）适合高职学生就业的职业岗位工作人员要求分析

首先，对职业岗位工作任务进行分析，这是上岗人员履行职责和义务的依据，也是对上岗人员进行资格认定的依据；其次，对职业岗位人员要求进行分析，即从职业素质、技能、相关知识、学历、工作经历方面具体提出要求；然后，将适合高职学生就业的职业岗位工作人员要求挑选出来，供高技能专业人才培养选择之用。

作为高职高专专业人才培养，需要结合地域经济发展对人才的需求、自身办学实力、生源情况等，选择 2～3 个就业岗位对学生进行培养。

2. 确定专业名称及专业培养目标

（1）专业培养目标分析

① 地域人才需求。山东省"十一五"发展规划明确提出要繁荣发展服务业，强调要在巩固传统服务业规模优势的基础上，依靠科技进步，运用现代信息技术手段，积极创新经营方式，促进商贸流通业的发展。

近几年，济南市先后获得了"中国服务外包基地城市"、"国家信息通讯国际创新园"、"国家软件出口创新城市"三块信息软件类国家级金字招牌，成为我国信息产品出口和现代服务业外包的重要基地。这为济南市信息产业的快速发展带来了机遇，同时迫切需要大量的现代计算机信息管理人才。

② 自身办学实力。山东商业职业技术学院信息技术学院作为"山东省服务外包人才培训基地"和"山东省服务外包人才培训机构"，现已开设计算机应用、计算机网络技术、影视多媒体和软件技术等专业，已具备良好的师资和一定的科研实力。

学院现建有 ERP 综合、数据库技术、网络工程、计算机技能开发、软件开发等实训室，管理规范，有完善的设备使用及维护制度，有专门的管理人员进行设备维护及日常管理，有专门的指导老师指导实践教学，能够保障本专业实践教学的顺利实施。同时配置 Oracle 数据库系统、ERP 等相关教学软件，并与鲁商集团、甲骨文公司、金蝶软件、中创、浪潮、NEC 软件、山大地纬软件等省内多家行业领先企业联合，建立了实习教学基地。

③ 学制与招生对象。学制三年，招生对象为普通高中生。

④ 学生就业岗位选择。山东商业职业技术学院结合自身教学资源，瞄准零售业、流通以及服务外包等领域的产品销售、客户化开发、售后服务等岗位。

（2）专业名称

专业名称：计算机信息管理

专业代码：590106

（3）专业培养目标描述

本专业培养德、智、体、美全面发展的，具有良好的政治思想素质、职业道德和创新精神，具有与本专业领域相适应的文化知识，熟悉信息产业政策和财经法规，掌握现代管理科学、现代信息技术的基本理论和知识，具备现代管理方法应用能力、计算机信息技术应用能力、信息系统分析实施和维护能力、计算机信息产品营销能力以及较强的创新能力和团队合作能力，具有较强事业心和团队合作精神的高素质技能型人才。

3. 学期项目主导的课程体系开发

学期项目主导的课程体系开发思想是基于职业岗位对高技能人才上岗快的要求。学期项目是按照企业上岗人员完成任务的难易程度，由入门→独立接受简单任务→独立接受复杂任务→独立顶岗几个阶段，每学期选取至少一个典型的独立工作任务，学期课程全部是围绕学期项目所需要的技能、相关知识和素质要求组织教学。

（1）专业面向的职业岗位对上岗人员素质、技能、相关知识和评价标准要求的分析

山东商业职业技术学院"计算机信息管理"专业面向的职业岗位为产品销售工程师、客户化开发工程师和售后服务工程师，其对上岗人员的素质、技能、相关知识和评价标准要求分析是为了形成学期项目或课程教学元素。这里，着重分析的是"计算机信息管

理"专业培养的毕业生上岗应该具备的素质、技能、相关知识和工作完成情况的评价标准。表 5-10 分析的是产品销售工程师职业岗位对专业人才的素质、技能、相关知识要求及评价标准，表 5-11 是针对产品销售工程师、客户化开发工程师和售后服务工程师职业岗位形成的第二学期和第五学期以学期项目为主导的课程体系。

表 5-10　职业岗位对专业人才的素质、技能、相关知识要求及评价标准

职业岗位	工作任务	工作内容	素质要求	技 能 要 求	相关知识	评价标准
产品销售工程师	信息产品市场调研	1. 对客户群进行调查 2. 对同类产品进行比较 3. 对市场容量进行估算	1. 职业核心素质：大局观、踏实、抗挫抗压能力、应变能力、理解能力、主动性、诚信、问题解决能力、责任感、学习能力、团队合作、沟通能力 2. 岗位核心素质：口头表达能力、组织能力、顾客导向、情绪控制与调适、亲和力、乐群性	1. 能用流利清楚的中文与客户沟通、专业术语用英文表达	IT 英语、商务沟通	质量、效率
				2. 能用信息处理工具（PPT）给客户演示产品	办公自动化	
				3. 能用数学工具和信息处理工具对信息进行处理	数学统计分析	
				4. 能够掌握 ERP 软件的基本业务流程，信息系统行业相关知识、主流技术和开发环境	企业资源规划，业务流程基础知识，ERP 软件操作，系统开发语言和工具基本知识	
	信息产品推广	1. 寻找卖点 2. 拓展推广渠道 3. 市场推广策划		5. 能够编制市场营销战略规划	市场营销	创新、效果
				6. 能够进行目标市场的选择和市场定位	市场营销	
				7. 能够进行营销渠道管理	营销渠道管理	
				8. 能够进行商务谈判	谈判技术的应用	
				9. 能够选用合适的商务促销方式进行产品促销	促销方式的应用	
				10. 按照招投标规则参加招标	合同法，标书书写规范，合同规定规范	
				11. 依据法律规则签订合同	合同法，标书书写规范，合同制订规范	
	产品销售	1. 制订销售策略 2. 设计宣传材料		12. 依据合同供货、验收	营销策略	效率、业绩
				13. 依据合同回款	营销策略	
				14. 及时追踪信息系统发展动态及所涉及的应用行业	企业资源计划、电子商务与网络营销、系统开发语言和工具基本知识、数据库知识	

表 5-11　学期项目形成表

学期		素质、技能、知识元素	整合课程	学期项目
二	职业素质	踏实、抗挫抗压能力、理解能力、主动性、问题解决能力、大局观	管理学 基于 Oracle 的 Web 应用开发 程序设计基础 实用会计实务	数据处理及分析实训
	技能	1. 能用数学工具和信息处理工具对信息进行处理 2. 能够掌握 ERP 软件的基本业务流程，信息系统行业相关知识、主流技术和开发环境 3. 能够进行系统测试 4. 能够运用编程语言进行软件开发 5. 能够进行系统日志、技术文档、进行文档版本管理 6. 能够对数据库和数据文件进行日常维护		
	知识	1. 数学统计分析 2. 业务流程基础知识 3. 系统开发语言和工具基本知识；数据库知识，系统测试基础知识 4. 系统维护和数据维护知识，故障管理知识，系统日志、技术文档、工作文档管理 5. 网络存储管理技术知识		
五		开发岗位核心素质： 逻辑思维能力、时间管理、态度严谨、成就导向、口头表达能力、创新性、注重细节、计划性 开发职业岗位核心能力： 1. 根据用户需求进行产品的二次开发；2. 协助销售顾问进行涉及开发的销售工作进行开发风险评估；3. 完成项目需求调研、分析，提出解决方案及实现项目需求 加强的知识： 1. 企业信息化（ERP）； 2. 系统开发语言和工具； 3. 网络工程与网络应用； 4. 数据库知识； 5. 系统日志、技术文档、工作文档管理		ERP 客户化开发实训
		销售岗位核心素质： 口头表达能力、组织能力、顾客导向、情绪控制与调试、亲和力、乐群性 销售职业岗位核心能力： 1. 对客户群进行调查；2. 对同类产品进行比较；3. 对市场容量进行估算；4. 寻找卖点；5. 拓展推广渠道；6. 市场推广策划；7. 制订销售策略；8. 设计宣传材料 加强的知识： 1. 信息采集与检索技术； 2. 市场营销； 3. 企业信息化（ERP）； 4. 商务谈判与推销技巧； 5. 电子商务与网络营销		信息产品营销实训

学期	素质、技能、知识元素	整合课程	学期项目
五	技术支持岗位核心素质： 态度严谨、时间管理、口头表达能力、协调能力、情绪控制与调适、顾客导向 技术支持职业岗位核心能力： 1. 沟通客户，理解用户问题需求；2. 协调内部资源解决问题；3. 对已解决问题进行回访，对未解决问题进行跟踪和反馈；4. 人员、资金和进度安排；5. 制订详细的问题解决计划；6. 编写项目规划相关文档；7. 客户培训计划的制订；8. 客户培训所需资源准备；9. 客户培训的具体执行过程；10. 培训各环节的协调和沟通；11. 培训组织的整体文档；12. 培训效果反馈；13. 评估项目的完成情况；14. 评估问题解决绩效；15. 编写项目相关文档 加强的知识： 1. IT英语，商务沟通，客户关系管理； 2. 计算机硬件及系统软件知识，故障管理知识； 3. 网络工程及网络应用服务软件知识； 4. 数据库知识、系统维护和数据维护知识、网络存储管理技术知识； 5. 多媒体技术，办公自动化； 6. 系统开发语言和工具基本知识； 7. 企业资源规划		信息产品售后服务实训

5.3.2 专业课程体系

1. 专业课程体系链路

计算机信息管理专业课程体系框图如图 5-5 所示。

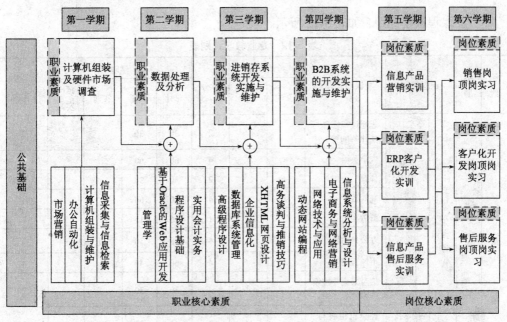

图 5-5　计算机信息管理专业课程体系框图

2．专业课程体系链路描述

（1）通用能力培养体系描述

本专业课程体系中通过思想道德修养与法律基础、毛泽东思想、邓小平理论和"三个代表"重要思想概论、大学英语、体育、高等数学等公共基础课以及商务礼仪、商务沟通、课外讲座、就业讲座、职业素养锻炼以及各种创新社团等来培养学生的政治素质、职业道德、身心素质、法律意识和人文素质。

（2）职业基本能力培养体系描述

在本专业课程体系中，各种职业基本能力的培养不是通过一学期来集中培养的，而是贯穿于整个学生在校学习的过程。其培养体系如图5-6所示。

（3）职业核心能力培养体系描述

在本专业课程体系中通过学期项目和岗位项目培养学生职业核心能力。学期项目是

图 5-6 职业基本能力培养体系

根据学期开设的课程，对学期课程进行整合，按照从易到难的原则，在一个项目基础上不断叠代的方法来设置的。

5.3.3 专业课程体系教学计划

专业课程教学计划表如表5-12所示。

表 5-12 专业教学计划表

年级	学期	课程类型	课程名称	考试方式		学分	学时				周学时（课内）
				考试	考查		总计	讲课	实训	顶岗实习	
一年级	第一学期	支撑平台课程	职业素质	思想道德修养与法律基础		✓	2	30	30			2
				大学英语	✓		4	60	60			4
				体育		✓	2	30	30			2
				高等数学		✓	4	60	60			4
				商务沟通		✓	1	15	15			1
			技术基础课程	办公自动化	✓		4	60	30	30		4
				市场营销		✓	4	60	44	16		4
				信息采集与检索技术		✓	2	30	30			2
			技术技能课程	计算机组装与维护		✓	3	45	29	16		3

年级	学期	课程类型		课程名称	考试方式		学分	学时				周学时（课内）
					考试	考查		总计	讲课	实训	顶岗实习	
		学期项目		计算机组装及硬件市场调查实训			1	20		20		20
		职业核心素质		大局观、踏实、抗挫抗压能力、应变能力、主动性、诚信、责任感、团队合作、沟通能力								
		第一学年第一学期小计					27	410	328	82		26
第二学期		支撑平台课程	职业素质	管理学		√	3	51	51			3
				毛泽东思想、邓小平理论和"三个代表"重要思想概论		√	2	34	34			2
				商务沟通		√	1	17	17			1
			技术基础课程	基于Oracle的Web应用开发	√		8	136	88	48		8
				程序设计基础	√		4	68	36	32		4
				实用会计实务	√		4	68	32	36		4
		学期项目		数据处理及分析实训			1	20		20		20
		职业核心素质		踏实、抗挫抗压能力、理解能力、主动性、问题解决能力、大局观								
		第一学年第二学期小计					23	394	258	136		22
二年级	第一学期	支撑平台课程	职业素质	商务沟通		√	1	18	18			1
				商务礼仪		√	1	18	18			1
			技术基础课程	XHTML网页设计	√		4	72	38	34		4
			技术专业课程	高级程序设计	√		4	72	38	34		4
				数据库系统管理	√		4	72	48	24		4
				企业信息化（ERP）	√		4	72	48	24		4
				商务谈判与推销技巧		√	4	72	72			4
		学期项目		进销存系统开发与维护			2	40		40		20
		职业核心素质		大局观、踏实、抗挫抗压能力、应变能力、理解能力、问题解决能力、责任感、学习能力、团队合作、沟通能力								

年级	学期	课程类型		课程名称	考试方式		学分	学时				周学时（课内）
					考试	考查		总计	讲课	实训	顶岗实习	
		第二学年第一学期小计					24	436	280	156		22
二年级	第二学期	支撑平台课程	职业素质	商务沟通		√	1	14	14			1
				IT 外语	√		4	56	56			4
				实用文档制作		√	2	28	28			2
			技术技能课程	动态网站编程	√		3	56	24	32		4
				网络技术与应用		√	3	56	56			4
				电子商务与网络营销		√	3	56	46	10		4
				信息系统分析与设计		√	3	56	56			4
		学期项目		B2B 系统的开发、实施与维护			3	60		60		20
		职业核心素质		大局观、踏实、抗挫抗压能力、应变能力、理解能力、主动性、诚信、问题解决能力、责任感、学习能力、团队合作、沟通能力								
		第二学年第二学期小计					22	382	280	102		23
三年级	第一学期	岗位1	岗位项目	信息产品营销实训		√	6	108		108		6
			岗位素质	口头表达能力、组织能力、顾客导向、情绪控制与调试、亲和力、乐群性								
		岗位2	岗位项目	ERP 客户化开发实训		√	6	108		108		6
			岗位素质	逻辑思维能力、时间管理、态度严谨、成就导向、口头表达能力、创新性、注重细节、计划性								
		岗位3	岗位项目	信息产品售后服务实训		√	6	108		108		6
			岗位素质	态度严谨、时间管理、口头表达能力、协调能力、情绪控制与调适、顾客导向								
		第三学年第一学期小计					18	324			324	18
	第二学期	岗位1	顶岗实习	产品销售工程师			14	252			252	18
			岗位素质	具口头表达能力、组织能力、顾客导向、情绪控制与调试、亲和力、乐群性								

年级	学期	课程类型		课程名称	考试方式		学分	学时				周学时（课内）
					考试	考查		总计	讲课	实训	顶岗实习	
选择一个岗位实习	岗位2	顶岗实习		客户化开发工程师			14	252			252	18
		岗位素质		逻辑思维能力、时间管理、态度严谨、成就导向、口头表达能力、创新性、注重细节、计划性								
	岗位3	顶岗实习		售后服务工程师			14	252			252	18
		岗位素质		态度严谨、时间管理、口头表达能力、协调能力、情绪控制与调适、顾客导向								
第三学年第二学期小计							14	252			252	18

5.3.4 专业课程体系实施条件

1. 实训基地

（1）实训基地建设结构

"计算机信息管理"专业实训基地建设结构图如图 5-7 所示。

图 5-7 "计算机信息管理"专业实训基地建设结构

（2）实训基地简要说明

实验实训基地简要说明如表 5-13 所示。

表 5-13 实验实训基地简要说明

实验室名称	设 备	开设的实训	能够鉴定的工种
计算机技能操作实训室	计算机 120 台，服务器 1 台；软件开发环境	办公自动化、程序设计基础	高级计算机操作员

实验室名称	设 备	开设的实训	能够鉴定的工种
数据库技术实训室	计算机 60 台，服务器 1 台；Oracle、SQL Server 数据库环境	基于 Oracle 的 Web 应用开发、数据库管理	OCA、OCP
ERP 模拟实训室	计算机 60 台，服务器 1 台；数据库环境；ERP 软件	ERP 原理及应用	助理信息管理师
软件开发实训室	计算机 60 台，服务器 1 台；数据库环境；软件开发环境	高级程序设计、动态网页编程、信息系统分析与设计	
网络技术实训室	计算机 60 台，服务器 1 台；交换机、路由器等	网络技术及应用	
ERP 综合实训室	计算机 60 台、服务器 1 台、交换机、路由器；数据库环境；ERP 软件等	ERP 开发、实施、维护实训	
电子商务综合实训室	计算机 60 台、服务器 1 台；电子商务模拟软件	电子商务与网络营销	
鲁商集团、金蝶软件公司、甲骨文(济南)公司		企业参观实习，企业工位实习，就业顶岗实习	

2．师资队伍

（1）双师结构

双师结构是指教师团队，由专业带头人、骨干教师、兼职教师组成。专业带头人 1~2 人，要求能够站在专业领域的发展前沿，熟悉行业、企业最新技术动态，把握专业技术改革方向；专业教学骨干 4~6 人，要求能够根据行业、企业岗位群需要开发课程，及时更新教学内容；兼职教师 4~6 人，应该既是能工巧匠，又有培训机构讲师或高校任教的经历；专兼职教师比例应达到1:1。

（2）双师素质

双师素质是对教师个体而言的。对于专职教师而言，不仅要具有传统意义上的专职教师的各项素质，而且要具有一定的工程师素质。同样希望兼职教师同时具有工程师和教师这两方面的素质。

5.4 "软件技术"专业课程体系参考方案[①]

5.4.1 专业课程体系开发

课程体系决定了专业人才职业能力的基础和发展方向。高等职业教育担负着培

---

① 参与本方案设计的有：北京北大方正软件学院李锦、姬昕禹、高艳萍；方正电子有限公司项目经理刘东、刘百川。

养行业一线人才的重任。因此，其专业课程体系设计必须建立在对专业面向的职业岗位分析、专业培养目标确定、明确职业岗位对人才的技能、知识和素质要求的基础上。

1. 专业面向的职业岗位分析

《IT 职业分类划分表》给出了软件技术的职业岗位，但相关职业岗位的工作内容、要求所涉及的面过于宽泛，并不能充分地反映软件技术对于高等职业教育人才培养的要求。因此，有必要对软件技术所覆盖的职业岗位进行更为充分的分析。专业面向的职业岗位分析是由学校提出需求，组织企业相关的人力资源部、生产部、研发部的管理人员和工程师与专业教师共同完成。职业岗位分析所要获得的数据是要形成课程开发的基础。

职业岗位划分从软件系统的开发、销售两个方面来进行分析其工作流程，划分职业岗位。其职业岗位如表 5-14 所示。

表 5-14 职业岗位划分

职业岗位 （一级）	岗位分类 （二级）	岗位分类（三级）	岗位分类编号
销售岗位 （销售总监）	销售经理	销售工程师	GW1-1-1
	技术支持经理	技术支持工程师	GW1-2-1
研发岗位 （技术总监）	项目经理	系统架构师	GW2-1-1
		需求分析师	GW2-1-2
		软件开发工程师	GW2-1-3
		数据库工程师	GW2-1-4
		模块程序员	GW2-1-5
	测试经理	测试工程师	GW3-1-1
		测试员	GW3-1-2

对于高职院校来说，可以在分析岗位工作任务及岗位对人员要求的基础上，结合地域经济发展对人才的需求、自身的办学实力、生源情况等，选择 2～3 个就业岗位进行高职高专人才的培养。

2. 确定专业名称及专业培养目标

（1）专业培养目标分析

① 地域人才需求。北京地区是众所周知的高科技产业最密集的地区，拥有巨大的产业规模，现有的人才供应已无法满足企业的用人需要，这样的产业背景为软件技术专业的建设提供了强大的动力。

② 自身办学实力。北京北大方正软件技术学院计算机软件技术系"软件技术"专

业不但拥有硕士研究生学历的专任教师，而且有方正电子有限公司等企业的多名高级技术专家，师资力量雄厚。计算机应用与软件技术实训基地建设项目入选 2007 年度北京市市级示范性高职实训基地。软件系还在方正国际、方正电子等企业建立了校外实训基地。

③ 学制与招生对象。学制三年，招生对象为普通高中生和三校生。

④ 学生就业岗位选择。北京北大方正软件技术学院结合自身教学资源，选择模块程序员、测试员、销售工程师的职业岗位。

（2）专业名称

专业名称：软件技术

专业代码：590108

（3）专业培养目标描述

软件技术专业培养德、智、体、美等全面发展的，了解软件系统知识体系及发展趋势，具有软件工程学基本理念，熟悉软件模块设计基本方法，熟练掌握软件实现技能、调试技能、软件系统测试技能，具有软件产品营销及技术支持能力的高素质技能型人才。

3. 学期项目主导的课程体系开发

学期项目是按照企业上岗人员完成任务的难易程度，由入门→独立接受简单任务→独立接受复杂任务→独立顶岗几个阶段，每学期选取至少一个典型的独立工作任务，学期课程围绕学期项目所需要的技能、相关知识和素质要求组织教学。

北大方正软件技术学院"软件技术"专业面向的职业岗位为模块程序员、测试员、销售工程师。表 5-15 分析的是模块程序员职业岗位对专业人才的素质、技能、相关知识要求及评价标准，表 5-16 是针对模块程序员、测试员和销售工程师职业岗位形成的第二学期和第五学期以学期项目为主导的课程体系。

表 5-15　职业岗位对专业人才的素质、技能、相关知识要求及评价价标准

职业岗位	工作任务	工作内容	素质要求	技能要求	相关知识	评价标准
模块程序员	识读需求及设计文档	1. 理解需求说明书、明确系统功能要求 2. 理解设计说明书，明确业务模块功能、输入、输出	1. 职业核心素质：大局观、踏实、抗挫抗压能力、应变能力、理解能力、主动性、诚信、问题解决能力、责任感、学习能力、团队合作、沟通能力	1. 懂得软件工程规范、熟练运用面向对象思想编程 2. 熟悉相关编程语言、能完成指定模块代码编写、能够对代码进行优化	1. 软件工程、面向对象 2. Java、C#.NET 语言、HTML、CSS 界面编程、JavaScript 脚本编程、JSP&Severlet 或 ASP.NET Web 编程、ssh 框架技能	准确理解设计文档意图

职业岗位	工作任务	工作内容	素质要求	技能要求	相关知识	评价标准
模块程序员	编写代码	3. 设计软件流程图	2. 岗位核心素质：熟练运用相关开发语言及工具、深入理解软件开发流程及相关规范	3. 会设计流程图	3. 数据流图	逻辑正确、书写规范
		4. 编写功能模块代码		4. 能理解需求说明书、明确系统功能要求	4. UML 图表	
		5. 编写与图形界面有关的代码		5. 能够熟练运用数据库脚本	5. SQL Sever、Oracle、DB2 等数据库管理系统	
		6. 对编写的代码进行调试		6. 能熟练使用版本控制器	6. 代码管理工具，如 VSS 或 CVS	
	编写文档	7. 编写文档		7. 利用开发环境进行代码调试	7. 集成开发环境调试工具	
		8. 设计宣传材料		8. 能够熟练运用软件工程规范编写代码功能说明、编写软件流程说明和系统功能说明	8. Office 软件使用	明了易懂

表 5-16　学期项目形成表

学期		素质、技能、知识元素	整合课程	学期项目
二	职业素质	大局观、踏实、抗挫抗压能力、应变能力、诚信、责任感	1. HTML、CSS、JavaScript 编程技术 2. 数据库设计与实现 3. JSP/Servlet 编程技术 4. C#编程技术	科研信息管理系统
	技能	1. 懂得软件工程规范；2. 能理解需求说明书、明确系统功能要求；3. 面向对象编程，能读懂 C#程序；4. 会设计流程图；5. 能完成指定模块代码编写；6. 能够熟练使用数据库脚本编程；7. 能够进一步对数据库进行管理；8. 能够熟练运用软件工程规范编写代码功能说明、编写软件流程说明和系统功能说明		
	知识	1. Java 语言编程；2. Eclipse 开发环境；3. 软件调试方法；4. SQL Sever、Oracle、DB2 等数据库管理系统；5. 软件工程（软件工程规范、代码编写规范）		
五		开发岗位核心素质： 逻辑思维能力、时间管理、态度严谨、成就导向、口头表达能力、创新性、注重细节、计划性 开发职业岗位核心能力： 1. 理解需求说明书、明确系统功能要求；2. 理解设计说明书，明确业务模块功能、输入、输出；3. 设计软件流程图；4. 编写功能模块代码 5. 编写与图形界面有关的代码；6. 对编写的代码进行调试；7. 编写文档 加强的知识： 1. Java、C#.NET 等面向对象编程语言，熟悉相关类库； 2. 集成开发工具的使用； 3. 开发环境中调试工具的使用； 4. 分层结构思想		股票交易平台

学期	素质、技能、知识元素	整合课程	学期项目
五	测试岗位核心素质： 态度严谨、注重细节、时间观念、抽象思维能力、语言表达能力 测试职业岗位核心能力： 1. 编写测试用例；2. 搭建测试环境；3. 执行测试；4. 编写缺陷报告 加强的知识： 1. 测试方法，尤其是白盒测试方法； 2. 测试工具使用； 3. 系统管理与配置		BBS 管理系统
	销售岗位核心素质： 口头表达能力、组织能力、顾客导向、情绪控制与调适、亲和力、乐群性 销售职业岗位核心能力： 1. 挖掘潜在客户；2. 分析潜在客户；3. 确定客户需求；4. 给客户演示产品；5. 与客户建立良好的关系；6. 做解决方案；7. 制作标书；8. 参加招投标；9. 签订合同；10. 项目验收；11. 项目回款 加强的知识： 1. 市场调研与分析（市场营销、消费者行为学、经济学）； 2. 合同法、合同制订规范（经济法）		企业销售管理系统

5.4.2 专业课程体系

1. 专业课程体系链路

软件技术专业课程体系框图如图 5-8 所示。

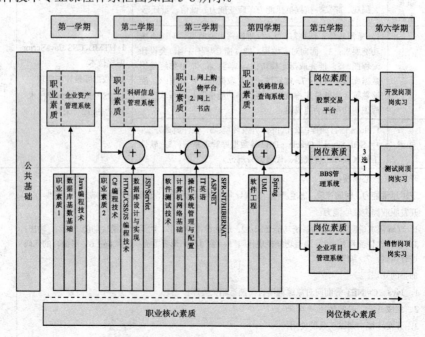

图 5-8　软件技术专业课程体系框图

2. 专业课程体系链路描述

（1）通用能力培养体系

对学生的通用能力的培养通过毛泽东思想、邓小平理论、"三个代表"重要思想概论、思想道德修养与法律基础、形势教育、就业指导、军事理论、健康教育等课程教学、大学生的相关社会实践来完成。

（2）职业基本能力培养体系

依照职业岗位中的需求，对每项职业技能及相关知识设计具体的案例，并介绍案例的相关背景，使得学生能够分阶段的掌握未来职业岗位所需技能及知识点。

（3）职业核心能力培养体系描述

本方案以学期项目为导向，对学生在校的五个学期，设计了八个学期项目。每个学期项目体现了学期教授课程中的知识与技能，它们来自于软件开发岗位的职业分析成果。因此，学生顺利完成设计的八个学期项目，将在第五学期获得相应得软件开发综合能力及其他相关从业能力，为第六学期的顶岗实施打下基础。

5.4.3 专业课程体系教学计划

专业课程教学计划表如表 5-17 所示。

表 5-17　专业教学计划表

年级	学期	课程类型		课程名称	考试方式		学分	学时				周学时（课内）
					考试	考查		总计	讲课	实训	顶岗实习	
一年级	第一学期	支撑平台课程	职业素质	职业道德		√	2	32	16	16	0	2
			技术基础课程	数据库技术基础		√	4	64	32	32	0	4
			技术专业课程	Java 编程技术	√		8	128	64	64	0	8
		学期项目		企业资产管理系统	√		1.5	24	112	24	0	1.5
		职业核心素质		大局观、踏实、诚信、问题解决能力、责任感								
		第一学年第一学期小计					15.5	248	112	136	0	15.5
	第二学期	支撑平台课程	职业素质	职业生涯规划		√	2	32	16	16	0	2
			技术技能课程	C#编程技术	√		8	128	32	96	0	8
				HTML、CSS、JavaScript		√	2	32	8	24	0	2
				数据库设计与实现		√	2	32	8	24	0	2
				JSP/Servlet 编程技术	√		8	128	32	96	0	8
		学期项目		科研信息管理系统		√	2	32	80	32	0	2
		职业核心素质		大局观、踏实、抗挫抗压能力、应变能力、诚信、责任感								
		第一学年第二学期小计					22	352	80	272	0	22

年级	学期	课程类型		课程名称	考试方式		学分	学时				周学时（课内）
					考试	考查		总计	讲课	实训	顶岗实习	
二年级	第一学期	支撑平台课程	技术基础课程	软件测试技术		√	1	16	0	16	0	1
				计算机网络基础		√	1	16	0	16	0	1
				操作系统配置与管理		√	1	16	0	16	0	1
				IT职业英语		√	4	64	64	0	0	4
		学期项目	网上购物平台；网上商店			√	2	32	128	32	0	2
		职业核心素质	大局观、踏实、抗挫抗压能力、应变能力、理解能力、主动性、诚信、问题解决能力、责任感、学习能力、团队合作、沟通能力									
		第二学年第一学期小计					25	400	128	272	0	25
	第二学期	支撑平台课程	技术基础课程	软件工程		√	2	32	8	24	0	2
				UML		√	2	32	8	24	0	2
			技术专业课	Spring	√		8	128	32	96	0	8
		学习项目	铁路信息查询系统			√	8	128	32	96	0	8
		职业核心素质	大局观、踏实、抗挫抗压能力、应变能力、理解能力、主动性、诚信、问题解决能力、责任感、学习能力、团队合作、沟通能力									
		第二学年第二学期小计					20	320	80	240	0	20
三年级	第一学期	模块程序员	岗位项目	股票交易平台		√	8	128	0	128	0	8
			岗位素质	逻辑思维能力、时间管理、态度严谨、成就导向、口头表达能力、创新性、注重细节、计划性								
		测试员	岗位项目	BBS管理系统		√	8	128	0	128	0	8
			岗位素质	态度严谨、注重细节、时间观念、抽象思维能力、语言表达能力								
		销售工程师	岗位项目	企业项目管理系统		√	8	128	0	128	0	8
			岗位素质	口头表达能力、组织能力、顾客导向、情绪控制与调适、亲和力、乐群性								
		第三学年第一学期小计					24	384	0	384	0	24
	第二学期	模块程序员	顶岗实习	程序设计工作		√	20	320	0	0	320	20
			岗位素质	逻辑思维能力、时间管理、态度严谨、成就导向、口头表达能力、创新性、注重细节、计划性								
		测试员	顶岗实习	测试工作		√	20	320	0	0	320	20
			岗位素质	态度严谨、注重细节、时间观念、抽象思维能力、语言表达能力								
		销售工程师	顶岗实习	销售及技术支持工作		√	20	320	0	0	320	20
			岗位素质	口头表达能力、组织能力、顾客导向、情绪控制与调适、亲和力、乐群性								

5.4.4 专业课程体系实施条件

1. 实训基地

（1）实训基地建设结构

"软件技术"实训基地框架结构图如图 5-9 所示。

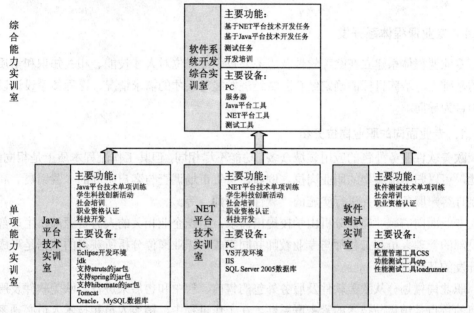

图 5-9 "软件技术"专业实训基地建设结构

（2）实训基地简要说明

建成 4 个能够分别容纳 40 名学生的实训室，包括单项能力训练实训室 3 个，职业岗位综合能力训练实训室 1 个，功能及设备要求如图 5-9 所示。

单项能力训练为仿真工作环境下的学期项目训练；综合能力训练结合工作岗位，目的是通过实际操作提升工作经验，通常在真实的工作环境下，进行分步骤、全流程、综合性的工作操作，训练内容可借鉴企业实际工作岗位工作项目。

2. 师资队伍

（1）双师结构

参与教学的教师队伍由专职教师和兼职教师组成。专职教师中有一个专业带头人与其他教师共同完成教学任务。专业带头人要求经验丰富，了解学生特点，并至少具有副教授职称，专业素质较高。兼职教师要求具有丰富的企业工作经验，熟悉行业背景和行业工作要求，知道行业的典型工作任务，同时具备一定的培训技巧。

（2）双师素质

双师素质主要是指参与教学任务的专职教师和兼职教师应该具备的一些基本素质要求，包括工程素质和教师素质。

5.5 "软件技术"（欧美服务外包）专业课程体系参考方案[①]

5.5.1 专业课程体系开发

专业课程体系建立在欧美软件及服务外包职业岗位对人才技能、相关知识和素质要求的基础上，培养目标的确定结合区域经济发展对人才的需求情况，课程体系设计以学期项目为导向。

1．专业面向的职业岗位分析

欧美软件服务外包的应用领域众多，功能不尽相同，但其工作流程本质上是相同的，因此，可以归纳出典型的职业岗位。例如，负责市场调查与客户研究的"营销员"和负责制订客户服务计划并进行实施的"软件工程师"等。

专业面向的职业岗位分析由学校提出需求，组织企业相关的人力资源部、生产部、研发部的管理人员和工程师与专业教师共同完成。职业岗位分析所获得的数据是形成课程开发的基础。

职业岗位划分从欧美软件及服务外包的售前、售中和售后来进行，欧美软件及服务外包的特点是销售与技术的紧密联系性，在工作过程中，销售人员和技术人员必须密切配合，分工合作，才能完成客户的需求，这是与其他行业的显著不同。

欧美软件及服务外包的销售和技术支持工作流程可以划分出欧美软件及服务外包相关职业岗位，如表 5-18 所示：

表 5-18　职业岗位划分

职业岗位（一级）	岗位分类（二级）	岗位分类编号
销售岗位	营销部经理	GW1-1
	营销员	GW1-2
研发岗位	软件服务部经理	GW2-1
	项目经理	GW2-2
	软件服务工程师	GW2-3

---

① 参与本方案设计的有：天津职业大学王向华、王翔、王晓星；南开越洋副总经理张岳 、刘新伟，教学秘书马娟。

欧美软件及服务外包销售与研发所覆盖的职业岗位都是高等职业教育可以培养的，有的职业岗位需要有一定年限的工作经验，有的职业岗位不需要工作经验，经过岗前培训即可。

作为高职高专专业的人才培养，需要结合地域的经济发展对人才的需求、自身办学实力、生源情况等，按照就业岗位对学生进行培养。

2. 确定专业名称及专业培养目标

（1）专业培养目标分析

① 地域人才需求。软件与服务外包是近十年兴起的产业，是由社会大量的需求发展起来的，几乎涉及了 IT 产业的各个方面。

全球软件外包的发包商主要集中在北美、西欧和日本等国家，其中美国近几年的发包占了 50%以上，日本占近 10%。外包接包市场主要是印度、爱尔兰和以色列等国家。其中，美国市场被印度垄断，印度已经成为软件外包的第一大国。而欧洲市场则被爱尔兰垄断。现在菲律宾、巴西、俄罗斯、澳大利亚、越南以及东欧的一部分国家也加入了世界软件外包的竞争行列。

另外，中国九部委 2007 年公布的目标，在 2010 年使国内的软件外包市场规模达到 100 亿美元。按中国软件外包企业人均产值为 1.5 万美元计算，2010 年中国将需要 67 万软件外包从业人员，目前只有 10 万。因此，欧美软件及服务外包的人才缺口巨大。

② 自身办学实力。天津职业大学电信学院拥有计算机应用、计算机网络技术、计算机多媒体技术、软件技术、通信技术、应用电子技术六个专业。集聚了软件、电子、通信、网络等多方面的专业教师。同时，与具有 20 年历史的美国硅谷 IT 咨询企业"南开越洋"合作建立了"欧美服务外包项目研发生产基地"，共同培养欧美软件及服务外包人才。

学院现有实验室 14 个，计算机技术实验室、软件开发综合实训中心、软件产品测试中心、网络工程实训中心、多媒体制作中心、创新制作室、项目开发室、校企联合研究中心等。良好的实验实训开发环境为校企联合提供了有力的保障。

③ 学制与招生对象。学制三年，招生对象为普通高中生和三校生。

④ 学生就业岗位选择。天津职业大学结合自身教学资源，对于软件专业学生针对欧美软件及服务外包方向培养销售及技术工程师等就业岗位。

（2）专业名称

专业名称：软件技术（欧美软件及服务外包方向）

专业代码：590108

（3）专业培养目标描述

本专业培养具有良好职业素质、职业道德和创新意识，能够阅读与书写英文资料，能够利用网络与欧美客户进行沟通，能够使用现代化工具进行资源搜索并形成解决方案，能够使用开发平台开发符合客户需求的资源等欧美软件及服务外包专门人才。

3．学期项目主导的课程体系开发

学期项目主导的课程体系开发思想是基于职业岗位对高技能人才"上岗快"的要求。学期项目是按照企业上岗人员完成任务的难易程度，由入门→接受简单任务→接受复杂任务→顶岗实习几个阶段，每学期选取至少一个典型的独立工作任务，学期课程全部围绕学期项目所需要的技能、相关知识和素质要求组织教学。

专业面向的职业岗位对上岗人员素质、技能、相关知识和评价标准要求的分析如下：

欧美软件及服务外包专业面向的职业岗位为软件服务工程师、营销部经理和营销员。对上岗人员的素质、技能、相关知识和评价标准要求的分析是为了形成学期项目或课程教学元素。表 5-19 分析的是软件服务工程师岗位应该具备的素质、技能、相关知识和工作完成情况的评价标准。表 5-20 是针对软件服务工程师职业岗位形成的以学期项目为主导的课程体系。

表 5-19　"欧美软件及服务外包"专业毕业生应具备的素质、技能、相关知识和评价标准

职业岗位	工作任务	工作内容	素质要求	技能要求	相关知识	评价标准
软件服务工程师	售前工作	1. 理解客户需求 2. 向营销部门提供技术支持 3. 提供 IT 解决方案	1. 职业核心素质：大局观、踏实、抗挫抗压能力、应变能力、理解能力、主动性、诚信、问题解决能力、责任感、学习能力、团队合作、沟通能力 2. 岗位核心素质：熟悉一种或几种编程语言	1. 能够利用欧美信息资源平台进行网络调研；能够通过与客户的沟通，了解客户业务情况及技术需求	1. IT 技术抚育能市场调研 2. IT 英语读/写知识 3. 美国 100 工业概况 4. 欧美法律体系知识	解决方案是否符合客户需求
	项目实施	4. 根据项目计划开展项目工作 5. 与客户进行项目进度沟通，根据客户要求进行项目调整 6. 根据项目调整进行项目契约变更 7. 项目测试 8. 项目文件归档整理		2. 能够与客户进行通信，并自觉遵守项目契约的规定 3. 能够使用一种或几种开发工具进行项目设计	5. 软件设计标准与规范 6. 网络应用基础 7. Web 技术及应用 8. Flash 制作 9. 程序设计语言 10. 光学字符识别与图像处理	软件质量契约执行情况

职业岗位	工作任务	工作内容	素质要求	技能要求	相关知识	评价标准
软件服务工程师	项目总结	9. 评估工作完成情况，评估自身绩效 10. 编写工作总结相关文档	言；基本英文通信能力；网络调研方法；欧美法律体系知识	4. 能进行快速学习，具有英文读/写能力，能编写项目相关文档	11. 软件工程项目文档规范	客户反馈效果

表 5-20　学期项目形成表

学期	素质、技能、知识元素		整合课程	学期项目
一	职业素质	踏实、抗挫抗压能力、理解能力、主动性、诚信、问题解决能力、学习能力	1. C语言编程 2. 数据库技术基础 3. 实用英语 4. 静态网页设计 5. 职业素质（1）	公交一卡通管理系统
	技能	1. Word、Excel、PowerPoint、Internet 应用能力 2. 懂得软件工程规范 3. 能理解需求说明书、明确系统功能 4. 能读懂 C 语言程序，能完成指定模块代码的编写 5. 会设计流程图 6. 能够对数据库进行初步管理 7. 能够制作静态网页		
	知识	1. C 语言编程 2. 静态网页制作 3. 软件调试方法 4. SQL Sever 数据库管理系统 5. 实用英语		
二	职业素质	踏实、抗挫抗压能力、理解能力、主动性、诚信、问题解决能力、学习能力	1. 数据库管理系统 2. IT 职业英语 3. 网页脚本编程技术 4. .NET 编程技术 5. 职业素质（2）	网上购物系统
	技能	1. 能理解需求说明书、明确系统功能要求 2. 能读懂 C#语言程序，会设计流程图 3. 能完成指定模块代码编写 4. 能够熟练使用数据库脚本编程 5. 能够进一步对数据库进行管理 6. 懂得软件工程规范，能够熟练运用软件工程规范编写代码功能说明、编写系统功能说明		
	知识	1. Visual Studio.NET 编程环境 2. 动态网页制作 3. C#语言编程 4. 软件调试方法 5. 软件工程（软件工程规范、代码编写规范） 6. SQL Sever 数据库管理系统 7. IT 英语		
三	职业素质	踏实、抗挫抗压能力、应变能力、理解能力、主动性、诚信、问题解决能力、责任感、学习能力、团队合作、沟通能力		

学期		素质、技能、知识元素	整合课程	学期项目
	技能	1．懂得软件工程规范 2．能理解需求说明书、明确系统功能要求 3．会设计流程图，能完成指定模块代码编写 4．能阅读英文资料 5．能够熟练运用软件工程规范编写代码功能说明、编写软件流程说明和系统功能说明 6．能组织测试需求并制订测试计划 7．能熟练使用配置管理工具进行系统配置 8．能熟练使用测试工具进行功能和性能测试	1．软件测试技术 2．软件工程 3．大型数据库管理系统及开发技术 4．IT 职业英语	网络点播系统
	知识	1．软件工程 2．C#语言编程及 VS 集成开发环境 3．软件调试方法 4．SQL Sever、Oracle 等数据库管理系统 5．软件测试 6．配置管理工具 7．IT 英语		
四	职业素质	大局观、踏实、抗挫抗压能力、应变能力、理解能力、主动性、诚信、问题解决能力、责任感、学习能力、团队合作、沟通能力		
	技能	1．能够利用工具软件进程网络调研，了解欧美客户业务情况及技术需求 2．能够搜索使用各类欧美软件解决方案资源库 3．能够通过调研找到最接近的解决方案 4．能利用欧美民商法及相关法律规定处理业务中出现的问题 5．能够与欧美客户沟通，制订项目方案及项目契约 6．能够熟练进行英文项目文档的编写 7．能与客户进行网上谈判及项目沟通 8．能够发掘客户的潜在需求，制订针对客户的后续服务策略	1．美国 100 工业领域 2．欧美民商法 3．欧美历史文化 4．欧美市场营销实务 5．欧美软件服务实务	Money Tree Project
	知识	1．市场调研及定位 2．网络营销策划 3．欧美软件工程 4．系统设计 5．欧美民商法 6．欧美服务协议及法律 7．欧美工程英文通讯 8．文档及邮件通信规范		

学期		素质、技能、知识元素	整合课程	学期项目
四	知识	9. 跨海项目制作 10. 欧美工程英文 11. 网络营销策划 12. 欧美营销英文通信 13. 营销策略方案制订 14. 服务建议书制订 15. 客户关系沟通		
五		营销岗位核心素质： 口头表达能力、组织能力、顾客导向、情绪控制与调适、亲和力、乐群性 营销职业岗位核心能力： 1. 挖掘潜在客户；2. 分析潜在客户；3. 与客户沟通，了解客户需求并制订符合客户要求的服务方案；4. 熟悉欧美民商法及法律、契约规定，并能够与客户进行谈判；5. 与客户沟通项目进展情况；6. 跟踪客户 加强的知识： 1. 欧美法律体系知识； 2. 欧美客户思维习惯与生活、工作习惯； 3. 与欧美客户的营销策略、沟通技巧	City Creator for website
		工程技术岗位核心素质： 逻辑思维能力、时间管理、态度严谨、成就导向、口头表达能力、创新性、注重细节、计划性 工程技术职业岗位核心能力： 1. 理解项目需求；2. 制订项目开发计划；3. 熟悉一种或几种编程语言及其编程环境；4. 掌握资源搜索技巧；5. 具有快速学习能力；6. 编程规范性；7. 编写项目相关文档；8. 项目测试与实施 加强的知识： 1. 快速学习的方法； 2. 搜索资源的技巧； 3. 编程的规范性养成； 4. 书写相关文档的习惯	www.readytolearn.edu.hk website
		营销经理岗位核心素质： 口头表达能力、组织能力、顾客导向、情绪控制与调适、亲和力、乐群性、时间管理 营销经理职业岗位核心能力： 1. 部门人员管理；2. 理解项目需求并与客户谈判，制订服务计划；3. 合理分配人员与时间；4. 掌握资源搜索技巧；5. 帮助技术人员与客户沟通；6. 协调部门间工作 加强的知识： 1. 部门管理； 2. 客户沟通方法与技巧； 3. 欧美法律体系知识	Poker Player Performance Analysis Service Website

学期	素质、技能、知识元素	整合课程	学期项目
六	1．养成岗位核心素质 2．形成通用能力，主要包括自我学习能力、与人交流能力、信息处理能力、与人合作能力、数字应用能力、解决问题能力和创新能力		顶岗实习（选择一个岗位实习）

5.5.2　专业课程体系

1．专业课程体系链路

欧美软件及服务外包专业课程体系框图如图 5-10 所示。

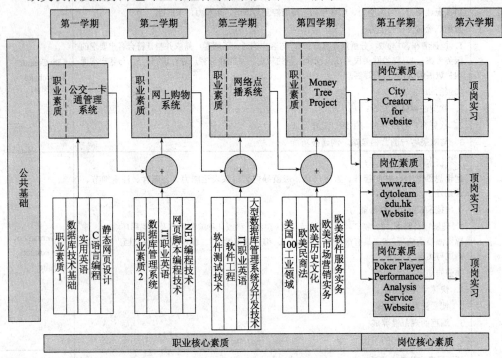

图 5-10　欧美软件及服务外包专业课程体系框图

2．专业课程体系链路描述

（1）通用能力培养体系

对学生通用能力的培养主要从政治素质、职业道德、身心素质、法律意识及人文素质几个方面入手，通过课程教学，使学生能够树立正确的人生观、价值观，懂得如何运用马克思主义的立场、观点、理论和方法观察事物，分析矛盾，处理问题，充分认识职业道德对集体与个人发展的作用，养成良好的个人习惯和意志品质，形成运用法律工具的意识。通用能力的培养通过毛泽东思想、邓小平理论、"三个代表"重要思想概论、思想道德修养与法律基础、形势教育、就业指导、军事理论、健康教育等课程教学、大学生的相关社会实践来完成。其团队协作理念和心理素质可以在工作强度较大的项目实训过程中得到锻炼。

（2）职业基本能力培养体系

职业基本能力的培养将在单项课程中予以进行，在课程教授及训练过程中，依照职业岗位中的需求，对每项职业技能及相关知识设计具体案例，并介绍案例的相关背景，使学生能够分阶段掌握未来职业岗位所需的技能及知识点，并有助于未来对所学知识以及技能的整合。

（3）职业核心能力培养体系描述

欧美软件及服务外包职业核心能力是从事软件服务外包工作所必需的、特定的、缺之不可的上岗能力，是欧美软件及服务外包专业培养方案的核心所在。本方案以学期项目为导向，对学生在校的五个学期，设计了七个学期项目，项目分属五个不同的能力级别，前三个学期的学期项目与一般软件专业相类似，第四个学期设计了一个欧美服务外包项目，第五个学期分别设计了三个欧美服务外包项目。每个学习项目体现了学期教授课程中的知识与技能，它们来自欧美软件及服务外包开发岗位的职业分析成果。因此，学生顺利完成设计的七个学期项目，将在第五学期结束后获得相应的欧美软件及服务外包的综合能力及相关的从业能力，为第六学期的顶岗实习打下基础。

另外，从技术角度看，本方案包括.NET 平台技术、数据库技术、网站开发技术等，这些都是当今软件开发领域流行的开发技术。教学内容由浅入深，将软件设计的规范、理念等职业素质贯穿在日常教学工作中，并且在第五学期与欧美软件服务外包企业合作培养学生，对学生进行有针对性的欧美软件及服务外包技能的训练。

5.5.3 专业课程体系教学计划

专业课程教学计划表如表 5-21 所示。

表 5-21 专业教学计划表

年级	学期	课程类型		课程名称	考试方式		学分	学时				周学时（课内）
					考试	考查		总计	讲课	实训	顶岗实习	
一年级	第一学期	支撑平台课程	职业素质	职业素质（1）		√	2	20	20	0	0	2
			技术基础课程	数据库技术基础		√	4	80	40	40	0	4
				实用英语	√		2	40	40	0	0	2
		技术专业课程		C 语言编程	√		8	100	40	60	0	8
				静态网页设计	√		3	30	20	40	0	3

年级	学期	课程类型		课程名称	考试方式		学分	学时				周学时（课内）
					考试	考查		总计	讲课	实训	顶岗实习	
		学期项目		公交一卡通管理系统	✓		2	40	10	30	0	2
		职业核心素质		大局观、踏实、诚信、问题解决能力、责任感								
		第一学年第一学期小计					21	340	170	170	0	21
	第二学期	支撑平台课程	职业素质	职业素质（2）		✓	2	20	20	0	0	2
			技术基础课程	数据库管理系统	✓		2	60	30	30	0	4
				IT职业英语		✓	4	64	64	0	0	4
			技术技能课程	网页脚本编程技术	✓		2	32	8	24	0	2
				.NET编程技术	✓		12	160	80	80	0	10
		学期项目		网上购物系统	✓		2	60	20	40	0	2
		职业核心素质		大局观、踏实、抗挫抗压能力、应变能力、诚信、责任感								
		第一学年第二学期小计					24	396	212	184	0	24
二年级	第一学期	支撑平台课程	技术基础课程	软件测试技术		✓	1	16	0	16	0	1
				软件工程		✓	2	32	8	24	0	2
				IT职业英语		✓	2	32	32	0	0	2
			技术专业课程	大型数据库管理系统及开发技术	✓		8	128	32	96	0	8
		学期项目		网络点播系统		✓	4	100	20	80	0	2
		职业核心素质		大局观、踏实、抗挫抗压能力、应变能力、理解能力、主动性、诚信、问题解决能力、责任感、学习能力、团队合作、沟通能力								
		第二学年第一学期小计					17	308	92	216	0	17
		支撑平台课程	技术基础课程	美国100工业领域		✓	4	100	50	50	0	4
				欧美民商法		✓	2	50	50	0	0	2
				欧美历史文化		✓	2	50	50	0	0	2
			技术技能课程	欧美市场营销实务	✓		8	100	50	50	0	8
				欧美软件服务实务	✓		8	100	50	50	0	8

年级	学期	课程类型	课程名称	考试方式		学分	学时				周学时（课内）
				考试	考查		总计	讲课	实训	顶岗实习	
二年级 第二学期		学期项目	Money Tree Project		√	2	60	20	40	0	2
		职业核心素质	大局观、踏实、抗挫抗压能力、应变能力、理解能力、主动性、诚信、问题解决能力、责任感、学习能力、团队合作、沟通能力								
		第二学年第二学期小计				26	460	270	190	0	26
三年级	第一学期	营销员	City Creator for Website		√	8	128	0	128	0	8
			岗位素质	口头表达能力、顾客导向、情绪控制与调试、亲和力、乐群性、时间管理							
		软件工程师	www.readytolearn.edu.hk Website		√	8	128	0	128	0	8
			岗位素质	逻辑思维能力、时间管理、态度严谨、成就导向、口头表达能力、创新性、注重细节、计划性							
		营销部经理	Poker Player Performance Analysis Service Website		√	8	128	0	128	0	8
			岗位素质	口头表达能力、组织能力、顾客导向、情绪控制与调试、亲和力、乐群性，时间管理							
		第三学年第一学期小计				24	384	0	384	0	24
	第二学期	营销员	顶岗实习 实习企业营销人员工作		√	20	400	0	0	400	20
			岗位素质	口头表达能力、组织能力、顾客导向、情绪控制与调试、亲和力、乐群性、时间管理							
		软件工程师	顶岗实习 实习软件工程师岗位工作		√	20	400	0	0	400	20
			岗位素质	逻辑思维能力、时间管理、态度严谨、成就导向、口头表达能力、创新性、注重细节、计划性							
		第三学年第二学期小计									

5.5.4 专业课程体系实施条件

1. 实训基地

（1）实训基地建设结构

实验实训基地可以由校内实训基地和校外实训基地组成。校内实训基地主要为校内的计算机实验室，校外实训基地为与学校合作的相关企业，学生需要到企业进行真正的顶岗实习。也可以将企业引入学校，建立校企联合实训室，由企业工程师直接指导学生进行项目的训练或者进行实际项目的操作。

实验实训基地的主要设备为计算机，并能够保证实时接入互联网，建议使用机房作为实验和实训基地。按照企业工作环境进行布置，每4～6人为一组，每组包括销售人员和技术服务人员，他们之间能够实时进行沟通，每组中有一人作为 leader，负责该组的项目进展。

（2）实训基地简要说明

实验实训基地融技能点训练、单项能力训练、综合能力训练、职业技能鉴定、科技开发、学生科技创新、社会服务于一体，服务区域经济，辐射周边地区。

建成 4 个能够分别容纳 40 名学生的实训室，包括单项能力训练实训室 3 个，职业岗位综合能力训练实训室 1 个。其中，单项能力训练实训室包括.NET 平台技术实训室、软件测试实训室和综合职业能力训练实训室。

单项能力训练为仿真工作环境下的学期项目训练；综合能力训练结合工作岗位，目的是通过实际操作提升工作经验，通常在真实工作环境下，进行分步骤、全流程的、综合性的工作操作，训练内容可借鉴企业实际工作岗位的工作项目。

建议实验实训基地中的计算机设备的硬件配置为：

- CPU：2.60GHz。
- 内存：1GB 以上。
- 硬盘：80GB 以上。

软件配置为：

- 操作系统：Windows XP 及以上。
- 软件：网页制作工具、图形处理工具、.NET 编程环境。

2. 师资队伍

（1）双师结构

参与教学的教师队伍由 10 人组成，其中专职教师和兼职教师各 5 人。专职教师中有 1 个专业带头人带领其余 4 名骨干教师和 5 名企业兼职教师共同完成教学任务。

专业带头人需要在教学领域相应行业有多年的从业经验，至少具有副教授职称，专业素质较高，对学生的学习特点和教学任务有足够的了解，经验丰富，富于创新。骨干教师要求至少为讲师，具有很高的教学技能和专业素质，能把专业知识和行业背景融入教学的每一个环节。

兼职教师要求具有丰富的企业工作经验，熟悉行业背景和行业工作要求，了解行业的典型工作任务，同时具备一定的培训技巧。

对于学生前三个学期的学习，主要由校内教师完成。

对于学生第四学期及以后的学习，主要由企业中的业务骨干来完成，以保证学生在学习之后，能够做到与企业的无缝对接，为学生的就业提供保证。

（2）双师素质

双师素质主要是指参与教学的专职教师和兼职教师应该具备的一些基本素质要求，包括工程素质和教师素质。

各专业带头人要能够站在专业领域的发展前沿，熟悉行业、企业最新技术和市场动态，把握专业技术改革的方向。

专业教学骨干要求实践经验丰富，在教学过程中帮助学生学习技术并引导学生分析问题和解决问题，为第三年的学习打下良好的基础。

企业兼职教师要有丰富的实践经验并擅长表达，能够在教学过程中严格管理并善于发展学生的技术特长。

第三部分

职业竞争力导向的工作过程-支撑平台系统化课程体系开发

自改革开放以来，我国高等职业教育教学改革，引进了多种当代世界上较为典型的教学模式。例如，北美的CBE、德国的双元制、澳大利亚的TAFE和英国的BTEC等。这些教学模式和教学理念在高等职业教育中起到了很大的推动作用。当前，在高职院校中推行德国设计导向基于工作过程的教学模式，也取得了很大的进展，但由于国情不同，教学环境不同，东西方文化理念的不同，不宜也不可能全盘复制，需要将其本土化，也就是领悟、融会贯通、因国情而化。本土化需要透过形式，明晓本质，然后在中国的教育教学环境中实施运行，形成中国特色。职业竞争力导向工作过程-支撑平台系统化课程体系（简称为职业竞争力导向课程体系），是北京联合大学高职所继高职VOCSCUM课程模式之后，针对现代中国高等职业教育提出的又一高职课程模式及其开发方法。

第三部分包含两章，第6章将主要介绍职业竞争力导向课程体系开发的主导思想、方法、开发规范；第7章是按照职业竞争力导向开发方法开发专业的典型案例。

第 6 章 职业竞争力导向的
工作过程-支撑平台系统化课程体系开发方法

6.1 职业竞争力导向的工作过程-支撑平台系统化课程体系构架

职业竞争力导向的工作过程-支撑平台系统化课程模式和开发方法，是在借鉴各国先进职业教育思想的基础上，充分考虑中国国情，体现中国特色的课程开发方法。正如第 1 章所述，这一课程模式和开发方法具有下列主要特征：

① 职业竞争力导向。
② 职业分析具有新特点。
③ 提出专业课程体系的基本结构。
④ 提出科目课程的三种基本类型。
⑤ 把获取职业证书融入课程设计。
⑥ 提出各按步伐、共同前进的课程开发实施方针。
⑦ 借鉴各国先进职业的教育思想，适应国情，体现中国特色。

职业竞争力导向的工作过程-支撑平台系统化课程模式和开发方法是由北京联合大学高职所原创提出，本书在计算机教育领域的应用方面做了相应的改进。职业竞争力导向的工作过程-支撑平台系统化课程模式和开发方法是在分析发达国家信息化技术推动经济发展，改变职业岗位劳动形态，出现设计导向的职业教育理念及创新课程开发方法的基础上，考虑我国经济社会的发展，在一些发达地区先进行业、企业已接近或达到国际先进水平的实际情况，这一大背景下提出的。学习这一先进职业教育理念，适应中国经济社会发展和教育的国情。同时，这一课程模式和开发方法也充分考虑到我国经济社会和教育发展的不平衡性，提出了灵活实施的原则和各按步伐、共同前进的方针。

6.1.1 搭建职业竞争力导向的工作过程-支撑平台系统化课程体系构架

1. 搭建职业竞争力导向的工作过程-支撑平台系统化课程体系构架的原则

依据职业竞争力导向的工作过程-支撑平台系统化课程体系的主导思想搭建课程体

系构架，将主导思想融于构架之中，使主导思想得以体现和实施。构架处于中国的教育教学环境中，含两类课程，学习领域课程和学习领域支撑平台课程。学习领域课程的任务是保持学习领域课程的本质，培养学生的职业竞争力。学习领域支撑平台课程的主要任务是支撑学习领域课程，继承已有的改革成果，与新的设计思想相融合，与学习领域课程共同构成新的课程系统。

2. 职业竞争力导向的工作过程-支撑平台系统化课程体系构架的结构

构架分学习领域课程和学习领域支撑平台课程两大部分，概要说明如下：

（1）学习领域课程

由典型工作任务转化而来，基于工作过程，根据职业成长过程排序。学生能学习工作过程性知识，能设计、组织工作任务，解决实际问题，学习新知识，获得反思性的工作经验，能上升为理论，将理论与实践一体化。学习领域课程以培养职业核心能力，体现职业竞争力为主。

（2）学习领域支撑平台课程

学习领域支撑平台课程简称为"支撑平台课程"。其由两部分组成，一是职业领域公共课程；二是为完成典型工作任务必需的理论、知识、技术和技能课程，职业资格、行业资格证书课程。

① 职业领域公共课程。在中国的教育教学环境下，为培养学生通用能力而设置的课程。例如，思想道德修养与法律基础、毛泽东思想、邓小平理论和"三个代表"重要思想概论、英语、高等数学、体育等。

② 为完成典型工作任务必需的理论、知识、技术和技能课程，职业资格、行业资格证书课程，主要完成职业基本能力和职业核心能力的培养。针对计算机领域的专业特点，可把专业大体分为两类：以技能为主的专业和技术含量较高的专业，这两类专业对职业基本能力和核心能力的要求不同，培养方式也有所不同。本书把以技能为主专业对应的课程称为"技术技能平台课程"，把以技术为主专业对应的课程称为"链路平台课程"。

- 技术技能平台课程：以高技能为主的专业，要求从业人员具有精湛的技能才能完成工作任务。典型工作任务所需的基础理论知识和基本技术技能，显现一定的系统性，形成基础理论知识和基本技术技能平台课程结构。

- 链路平台课程：典型工作任务中的基本技术要求比较清晰，以基本技术为主要支撑的专业，典型工作任务中蕴涵的理论、知识和技术相关性较强，且具有一定的系统性，形成技术链路式的平台课程结构。

针对专业特点，课程体系构架也分两类，适用于高技能为主专业的课程体系构架 1 和以基本技术为主专业的课程体系构架 2。

6.1.2 课程体系构架 1

以高技能为主的专业采用课程体系构架 1，结构如图 6-1 所示。构架由学习领域课程和支撑平台课程两大部分组成，支撑平台课程由基本技术技能平台课程和职业领域公共课程组成。各专业可根据本专业特点、学习领域课程的需求，设计基本技术技能平台课程的支撑范围。

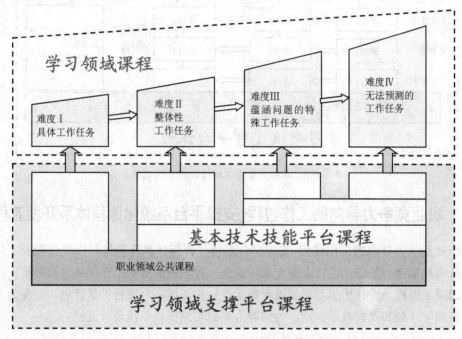

图 6-1　职业竞争力导向课程体系构架 1

6.1.3 课程体系构架 2

以基本技术为主的专业采用课程体系构架 2，结构如图 6-2 所示。构架由两大部分组成，学习领域课程和支撑平台课程，支撑平台课程由链路平台课程和职业领域公共课程组成。链路平台课程中可以包含职业、行业资格证书课程，也可以单设职业、行业资格证书课程，只要符合学习规律，开课逻辑正确即可。

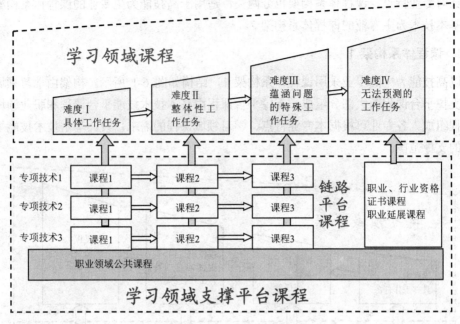

图 6-2　职业竞争力导向课程体系构架 2

6.2　职业竞争力导向的工作过程-支撑平台系统化课程体系开发流程

职业竞争力导向的工作过程-支撑平台系统化课程体系开发过程以现代职业工作整体化分析和描述为基础，通过企业专家访谈会，对职业的典型工作任务进行分析，转化为学习领域课程，设计出学习领域课程教学计划和支撑平台课程教学计划，结果为专业的完整教学计划和课程教学大纲，为培养方案的实施提供系统设计文档。

6.2.1　课程体系构架 1 开发流程

根据专业性质的不同，可以选择不同的流程走向。如果是以高技能为主的专业，职业岗位所需的基础理论知识和基本技术技能显现一定的系统性，则选用课程体系构架 1，流程走向如图 6-3 所示。如果是以基本技术为主要支撑的专业，典型工作任务中蕴涵的理论、知识和技术相关性较强，且具有一定的系统性，则选用课程体系构架 2，流程走向如图 6-4 所示。

6.2.2　课程体系构架 2 开发流程

在图 6-3 流程的第 1 步确定专业的培养目标后，分析判断职业岗位工作性质，如为以基本技术为主要支撑的专业，则选择流程走向①，进入①流程，如图 6-4 所示。

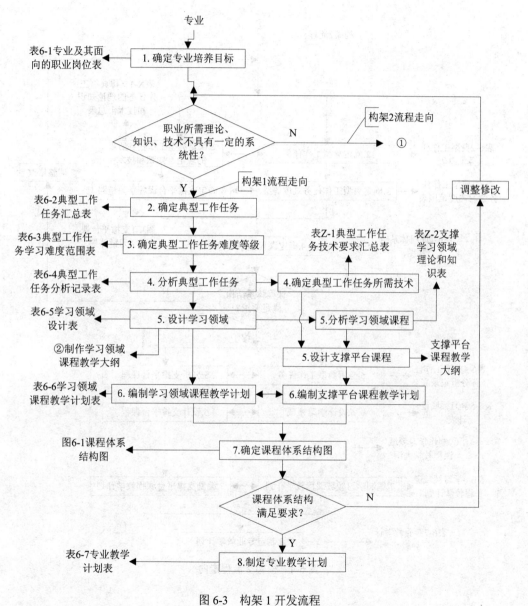

专业

表6-1专业及其面向的职业岗位表 ← 1. 确定专业培养目标

职业所需理论、知识、技术不具有一定的系统性？ —N→ 构架2流程走向 → ①

构架1流程走向

Y

表6-2典型工作任务汇总表 ← 2. 确定典型工作任务

表6-3典型工作任务学习难度范围表 ← 3. 确定典型工作任务难度等级

表6-4典型工作任务分析记录表 ← 4. 分析典型工作任务 → 4.确定典型工作任务所需技术

表Z-1典型工作任务技术要求汇总表

表Z-2支撑学习领域理论和知识表

表6-5学习领域设计表 ← 5. 设计学习领域 → 5.分析学习领域课程

②制作学习领域课程教学大纲 ← 5. 设计支撑平台课程 → 支撑平台课程教学大纲

表6-6学习领域课程教学计划表 ← 6. 编制学习领域课程教学计划 ← 6.编制支撑平台课程教学计划

图6-1课程体系结构图 ← 7. 确定课程体系结构图

课程体系结构满足要求？ —N→ 调整修改

Y

表6-7专业教学计划表 ← 8. 制定专业教学计划

图 6-3　构架 1 开发流程

121

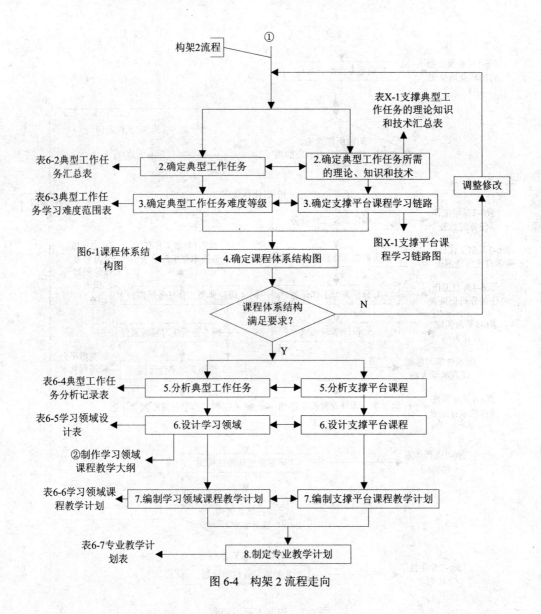

图 6-4　构架 2 流程走向

为使开发流程简明扼要，流程简图如图 6-5 所示。

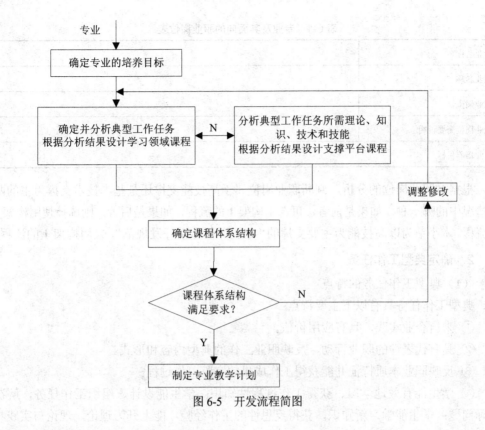

图 6-5　开发流程简图

6.3　专业课程体系开发规范

根据课程体系构架和开发流程，开发课程体系。对应两种构架设计了两种专业课程体系开发规范。6.3.1 节是以高技能为主要支撑的"专业课程体系开发规范"，针对以高技能为主的专业，采用构架 1 的流程；6.3.2 节是以基本技术为主要支撑的"专业课程体系开发规范"，主要适用于以技术为主的专业，采用构架 2 的开发流程。

6.3.1　以高技能为主的"专业课程体系开发规范"

1．确定专业培养目标

专业培养目标、职业名称、职业岗位定位贵在准确，是行业中适于高职高专层次的那些职业和工作岗位。确定过程可以如下：企业专家描述职业经历→面向的职业和职业岗位→分析职业岗位→提炼并确定职业岗位（对职业岗位简要说明）→参阅《普通高等学校高职高专专业目录概览》→确定专业→明确专业培养目标。填写表 6-1 所示的专业及其面向的职业岗位表。

表 6-1　专业及其面向的职业岗位表

专业名称	
职业名称	
职业岗位	
职业岗位简要说明	
专业培养目标	

根据对职业岗位的分析，判断职业岗位属于高技能支撑还是基本技术支撑为主的两种情况中的哪一种，如果是前者，可选用构架 1 的流程，如果是后者，则选择使用构架 2 的流程。本小节为以高技能为主要支撑的"专业课程体系开发规范"，采用构架 1 的流程。

2．确定典型工作任务

（1）典型工作任务的特点

典型工作任务具有以下主要特点：

① 来自企业实践，具有应用价值。

② 具有代表性的职业行动，反映职业工作的典型内容和形式。

③ 反映职业本质特征并能获得工作成果的完整工作过程。

④ 学生能有效地学习、获得工作过程性知识；学生能设计、组织工作任务，解决实际问题；学生能学习新知识，获得反思性的工作经验，能上升为理论，理论与实践相结合。

（2）工作过程

根据表 6-1 的职业岗位，列选从事过这些岗位的企业专家，注意企业专家在行业中的典型性与分布性，然后召开企业专家访谈会，会议过程如下：

企业专家访谈会→列出从事过的典型工作任务→

选出频数高的典型工作任务

选出频数不高但具有典型性的工作任务　　　　→分析研讨

没有列出但技术先进很快出现的典型工作任务

根据分析研讨结果填写表 6-2 典型工作任务汇总表。

（3）填表注意事项

填表注意事项如下：

① 一个专业一般包括 10～20 个典型工作任务。

② 典型任务编号用"典型工作任务+阿拉伯数字"表示，数字为 $1 \sim N$，N 为典型工作任务数目。

表 6-2　典型工作任务汇总表

职　　业　　名　　称	
典型工作任务编号	典型工作任务名称

3．确定典型工作任务难度等级

根据职业成长逻辑：初学者→有能力者→熟练者→专家，对表 6-2 中的典型工作任务进行分类，填写表 6-3 所示的典型工作任务学习难度范围表。

表 6-3　典型工作任务学习难度范围表

职　　业　　名　　称		
学习难度范围		典型工作任务编号与名称
学习难度范围 1	具体的工作任务 （职业定向的工作任务）	
学习难度范围 2	整体性的工作任务 （系统的工作任务）	
学习难度范围 3	蕴涵问题的特殊工作任务	
学习难度范围 4	无法预测的工作任务	

4．分析典型工作任务与确定典型工作任务所需技术

（1）分析典型工作任务

对表 6-3 中的每一个典型工作任务进行"工作岗位，工作过程，工作任务的对象，工具、方法与工作组织，工作和技术的要求，区分点"等七个要点进行工作分析，如表 6-4 所示。其中，"工作岗位、工作过程、工作任务的对象"等三个要点是对典型工作任务的客观分析描述，根据"工作岗位、工作过程、工作任务的对象"分析，确定"工具、方法与工作组织，工作和技术的要求"。"区分点"主要描述本典型工作任务在行业环境中所处的位置，与其他典型工作任务的关系、相同与不同之处等。

典型工作任务需要转化为学习领域课程，以便教学，典型工作任务分析记录表为设计学习领域课程提供了基础素材。

表 6-4　典型工作任务分析记录表

职　　业　　名　　称	
典型工作任务编号	典型工作任务名称
工作岗位	
工作过程	
工作任务的对象	
工具、方法与工作组织	
工作和技术的要求	
区分点	

（2）确定典型工作任务所需技术

根据典型工作任务分析，确定典型工作任务所需的技术，填写表 Z-1 典型工作任务技术要求汇总表。典型工作任务技术要求汇总表为设计支撑平台课程提供技术学习要求。

表 Z-1　典型工作任务技术要求汇总表

职　　业　　名　　称	
典型工作任务编号与名称	典型工作任务技术要求
典型工作任务 1：	技术 1： 技术 2： …
…	…
典型工作任务 n	技术 1： 技术 2： …

5. 设计学习领域与设计支撑平台课程

（1）设计学习领域

根据典型工作任务分析记录表设计学习领域，填写表 6-5 所示的学习领域设计表。

表 6-5　学习领域设计表

专　　业　　名　　称		
学习领域编号 学习难度范围	学习领域/ 典型工作任务名称	时间安排 企业（　周）；学校（　学时）
职业行动领域描述		
各学习场所的学习目标		
（企业）实践教学	（学校）理论学习	
工作与学习内容		
工作对象	工具 工作方法 劳动组织	工作要求

注：学习领域编号用"学习领域+阿拉伯数字"表示，数字为 1～N，N 为学习领域数目。例如学习领域 7。

（2）制作学习领域课程教学大纲

设计学习领域后，流程走向②，制作学习领域课程教学大纲。

（3）设计支撑平台课程

在设计学习领域时，分析学习领域课程，根据分析填写表 Z-2 支撑学习领域理论和知识表。根据典型工作任务所需的技术、理论和知识，设计支撑平台课程，制作支撑平台课程教学大纲。

表 Z-2　支撑学习领域理论和知识表

专 业 名 称			
学习领域编号 学习难度范围	学习领域名称	学习领域所需理论	学习领域所需知识
学习领域 1 学习难度范围		理论 1： 理论 2： …	知识 1： 知识 2： …
…		…	…
学习领域 n 学习难度范围		理论 1： 理论 2： …	知识 1： 知识 2： …

　　根据表 Z-1 典型工作任务技术要求汇总表和表 Z-2 支撑学习领域理论和知识表，将表中内容优化组合，设计支撑平台课程，撰写支撑平台课程教学大纲。

6. 编制学习领域课程和支撑平台课程教学计划

（1）编制学习领域课程教学计划

　　根据学习领域课程设计，分配学习领域课程学期，编制学习领域课程教学计划，填写表 6-6 所示的学习领域课程教学计划表。

表 6-6　学习领域课程教学计划表

学习领域课程编号	学习领域课程	学 时			
		总 计	第一学年	第二学年	第三学年
合计学时					

注：

1. 学习领域课程名称与学习领域相同；

2. 学习领域课程编号用"学习领域课程+阿拉伯数字"表示，数字为 1～N，N 为学习领域课程数目。例如：学习领域课程 3。

（2）编制支撑平台课程教学计划

　　根据学习领域教学计划，进行支撑平台课程设计，编制支撑平台课程教学计划。

7．确定课程体系结构图

参照图 6-1，课程体系结构分为学习领域课程和支撑平台课程两部分。

（1）学习领域课程结构

根据表 6-3 典型工作任务学习难度范围表、表 6-5 学习领域设计表和表 6-6 学习领域课程教学计划，依据职业成长规律，初学者→有能力者→熟练者→专家，制作学习领域课程结构。

（2）支撑平台课程结构

根据学习领域课程结构，设计支撑平台课程结构。支撑平台课程的理论知识和技术需全方位地满足学习领域课程的要求，要符合理论、知识和技术的学习逻辑，并尽可能具有一定的系统性和完整性。依据表 Z-1 典型工作任务技术要求汇总表、表 Z-2 支撑学习领域理论和知识表，以及支撑平台课程教学计划制作支撑平台课程结构。

将学习领域课程结构与支撑平台课程结构有机地结合起来，完成图 6-1 课程体系结构图制作。结构图制作完成后，判断结构是否满足要求，如果满足要求可进入下一环节制作教学计划，如果不满足要求，返回进行调整修改。

8．制订专业教学计划

根据课程体系结构，教学计划制订要求，制订教学计划，填写表 6-7 所示的专业教学计划表。

表 6-7　专业教学计划表

年级	学期	课程类型		课程名称	考核方式		学分	学　　时				周学时（课内）
					考试	考查		总计	讲课	实验	其他	
一年级	第一学期	支撑平台课程	职业领域公共课程									
				小计								
			技术技能平台课程									
				小计								
		学习领域课程										
				小计								
		第一学年第一学期小计										

年级	学期	课程类型		课程名称	考核方式		学分	学　时				周学时（课内）
					考试	考查		总计	讲课	实验	其他	
一年级	第二学期	支撑平台课程	职业领域公共课程									
				小计								
			技术技能平台课程									
				小计								
		学习领域课程										
				小计								
		第一学年第二学期小计										
二年级	第一学期	支撑平台课程	职业领域公共课程									
				小计								
			技术技能平台课程									
				小计								
		学习领域课程										
				小计								
		第二学年第一学期小计										
	第二学期	支撑平台课程	职业领域公共课程									
				小计								

年级	学期	课程类型		课程名称	考核方式		学分	学　时				周学时（课内）
					考试	考查		总计	讲课	实验	其他	
二年级	第二学期	技术技能平台课程										
			小计									
		学习领域课程											
			小计									
		第二学年第二学期小计										
三年级	第一学期	支撑平台课程	职业领域公共课程									
			小计									
			技术技能平台课程									
			小计									
		学习领域课程											
			小计									
		第三学年第一学期小计										
	第二学期	学习领域课程										
			小计									
		第三学年第二学期小计										
理论教学环节总计												
集中实践教学环节总计												

总学分：

职业领域公共课程学分：　　　　　　　　占总学分比例：

技术技能平台（链路）课程学分：　　　　占总学分比例：

学习领域课程学分：　　　　　　　　　　占总学分比例：

6.3.2 技术为主专业开发规范

技术为主专业开发采用构架 2，流程走向如图 6-4 所示，有些表格与构架 1 的表格是相同的。

1. 确定专业培养目标

专业培养目标的确定方法及输出表"6-1 专业及其面向的职业岗位表"如同 6.3.1 节的第 1 步，此处不再赘述。培养目标确定后，如果分析判断职业岗位所需理论、知识和技术具有一定的系统性，且是技术含量较高的行业，则采用框架 2 的流程，以技术为主专业的开发规范。

2. 确定典型工作任务与典型工作任务所需的理论、知识和技术

（1）确定典型工作任务

确定典型工作任务的方法及输出"表 6-2 典型工作任务汇总表"如 6.3.1 节的第 2 步。

（2）确定典型工作任务所需的理论知识和技术

由于专业技术含量较高，所需的理论知识与技术具有一定的规律性、系统性和典型性，一般可以直接列出，并针对本职业的典型工作任务加以适当调整，归纳总结出支持典型工作任务所需要的理论知识和技术。归纳总结理论知识和技术的方法是"企业专家和学校专业教师联席会议"。根据企业专家访谈会确定的典型工作任务，由企业专家和专业教师共同研究，确定支持典型工作任务所需要的理论知识和技术，填写表 X-1 所示的支撑典型工作任务的理论知识和技术汇总表。

表 X-1　支撑典型工作任务的理论知识和技术汇总表

支持典型工作任务的理论知识和技术
理论知识和技术 1：
理论知识和技术 2：
理论知识和技术 3：
...

3. 确定典型工作任务难度等级和支撑平台课程学习链路

（1）确定典型工作任务难度等级

确定典型工作任务难度等级及输出"表 6-3 典型工作任务学习难度范围表"如 6.3.1 节中的第 3 步。

（2）确定支撑平台课程学习链路

依据知识和技术的难度等级，高职高专学生的学习规律和熟练掌握这些知识与技术的过程，构建课程链路。一般分为三个阶段。

阶段一入门：了解理论知识与技术的概貌，并学会最基本应用，注重整体的正确方法，而不是细节。

阶段二基础：基本的理论知识、技术理论基础及其主要应用。

阶段三熟练掌握：通过行业专家的指导，实际任务模块反复训练，直到熟练掌握理论知识和技术的实际应用和主要技巧。确定课程学习链路是以专业教师为主的，第二次企业专家和学校专业教师联席会议，制作支撑平台课程学习链路图，结构参见图 6-2 职业竞争力导向课程体系构架 2。

4．确定课程体系结构图

根据典型工作任务和难度等级、支撑平台课程的学习链路，设计课程体系结构图，结构参见图 6-2 职业竞争力导向课程体系构架 2。结构图制作完成后，判断结构是否满足要求，如果满足要求可进入后续环节，如果不满足要求，进行调整修改。

5．分析典型工作任务与支撑平台课程

（1）分析典型工作任务

分析典型工作任务，输出"表 6-4 典型工作任务分析记录表"如同 6.3.1 节的第 4 步。

（2）分析支撑平台课程

根据典型工作任务分析结果，分析支撑平台课程。对支撑平台课程的内容、组织、教学方法的选用进行重构，以满足典型工作任务学习要求。

6．设计学习领域和支撑平台课程

（1）设计学习领域

设计学习领域，输出"表 6-5 学习领域设计表"如 6.3.1 节的第 5 步。

（2）制作学习领域课程教学大纲

设计学习领域后，流程走向②，制作学习领域课程教学大纲。

（3）设计支撑平台课程

在设计学习领域时，分析学习领域课程，并根据支撑平台课程的分析结果，制作支撑平台课程的教学大纲。

7．编制学习领域课程和支撑平台课程教学计划

（1）编制学习领域课程教学计划

编制学习领域课程教学计划、输出"表 6-6 学习领域教学计划表"如同 6.3.1 节第 6 步。

（2）编制支撑平台课程教学计划

根据学习领域教学计划，进行支撑平台课程设计，编制支撑平台课程教学计划。

8．制订专业教学计划

根据课程体系结构，教学计划制订要求，制订教学计划，填写表 6-8 所示的专业教学计划表。

表 6-8　专业教学计划表

年级	学期	课程类型		课程名称	考核方式		学分	学　时				周学时（课内）
					考试	考查		总计	讲课	实验	其他	
一年级	第一学期	支撑平台课程	职业领域公共课程									
				小计								
			链路课程									
				小计								
		学习领域课程										
				小计								
		第一学年第一学期小计										
	第二学期	支撑平台课程	职业领域公共课程									
				小计								
			链路课程									
				小计								
		学习领域课程										
				小计								
		第一学年第二学期小计										

133

年级	学期	课程类型		课程名称	考核方式		学分	学 时				周学时（课内）
					考试	考查		总计	讲课	实验	其他	
二 年 级	第一学期	支撑平台课程	职业领域公共课程									
			小计									
			链路课程									
			小计									
		学习领域课程										
			小计									
	第二学年第一学期小计											
	第二学期	支撑平台课程	职业领域公共课程									
			小计									
			链路课程									
			小计									
		学习领域课程										
			小计									
	第二学年第二学期小计											
三年级	第一学期	支撑平台课程	职业领域公共课程									
			小计									

年级	学期	课程类型		课程名称	考核方式		学分	学　时				周学时（课内）
					考试	考查		总计	讲课	实验	其他	
三年级	第一学期	支持平台课程	链路课程									
				小计								
		学习领域课程										
				小计								
		第三学年第一学期小计										
	第二学期	学习领域课程										
				小计								
		第三学年第二学期小计										
理论教学环节总计												
集中实践教学环节总计												

总学分：

职业领域公共课程学分：　　　　　　占总学分比例：

技术技能平台（链路）课程学分：　　占总学分比例：

学习领域课程学分：　　　　　　　　占总学分比例：

6.4　学习领域课程开发规范

学习领域课程由典型工作任务转化而来，通过学习领域分析、分析子学习领域工作过程（包括工作过程、任务、行动环境、教学组织与实施）、组织子学习领域教学、学习领域课程内容的汇总、优化和组合，编制出学习领域课程教学大纲，作为学习领域课程的实施蓝图。

6.4.1　学习领域课程开发流程

根据本书 6.3 节中"图 6-3 构架 1 开发流程"的第 5 步后的流程走向②，制作学习领域课程教学大纲，学习领域课程开发流程如图 6-6 所示。

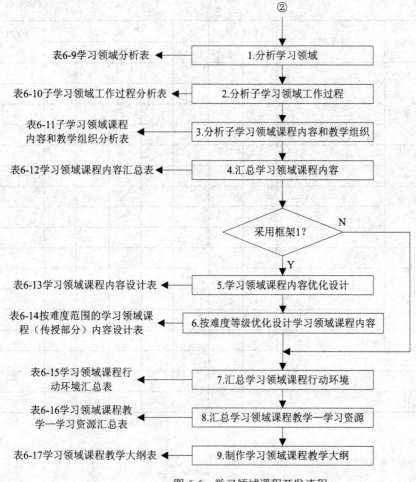

图 6-6 学习领域课程开发流程

6.4.2 学习领域课程开发过程

1. 分析学习领域

（1）项目类型分类

不同行业、职业的工作过程的逻辑有所不同，具体可以分为五大类，分别是：

① 按产品制造顺序实施，如产品生产或零部件加工。

② 按业务（工艺）流程顺序实施，如电气自动化、物流。

③ 按工作对象（现象）实施，如安装维修。

④ 按岗位服务流程实施，如酒店服务。

⑤ 按工作情境（商务）实施，如软件开发、广告设计、商务谈判。

（2）项目实施步骤

一般情况下完成一个项目需要八个标准步骤，它们是：项目调查、方案决策、计划制订、组织分工、项目实施、结果测试、文档提交、项目评价。但在实际教学设计工作中，各专业应根据项目的性质，参照上述标准步骤，自行确定该项目工作过程步骤。

（3）子学习领域编号

表 6-9 所示为学习领域分析表，子学习领域编号用"子学习领域+阿拉伯数字"表示，数字为 $1 \sim N$，N 为子学习领域数目。例如：子学习领域 3。

表 6-9　学习领域分析表

学习领域编号	学习领域名称
学习领域对应典型工作任务中的项目类型：	
学习领域对应典型工作任务中的项目实际工作步骤（基于八步法）	
通过学习领域分析确定子学习领域（学习情境）	
子学习领域编号　　　　　　　　　子学习领域名称	

2. 分析子学习领域工作过程

分析各子学习领域，填写表 6-10 子学习领域工作过程分析表。

表 6-10　子学习领域工作过程分析表

学习领域编号		学习领域名称	
子学习领域编号		子学习领域名称	
工作过程	工作任务	行动环境	教学组织与实施
1			
2			
3			
4			
5			
6			
7			
8			

3. 分析子学习领域课程内容和教学组织

子学习领域课程内容和组织教学需要分析的内容如表 6-11 所示。

表 6-11　子学习领域课程内容和教学组织分析表

子学习领域编号	子学习领域名称	（　学时）
学生行动内容		
行动环境		
教师传授知识	教学单元（初步） 知识点	
教学法选择		
教（学）件		
学生提交		
考核方式		

4. 汇总学习领域课程内容

把各子学习领域课程内容汇总，填写表 6-12 学习领域课程内容汇总表。

表 6-12　学习领域课程内容汇总表

学习领域课程编号		学习领域课程名称		
	子学习领域 1 （　学时）	子学习领域 2 （　学时）	子学习领域 3 （　学时）	子学习领域 4 （　学时）
学生行动				
行动环境				
教师传授	教学单元 知识点			
教（学）件				
学生提交				
考核方式				

5. 学习领域课程内容优化设计

学习领域课程内容设计如表 6-13 所示。

表 6-13　学习领域课程内容设计表

学习领域课程编号			学习领域课程名称		
	子学习领域 1 （　学时）	子学习领域 2 （　学时）	子学习领域 3 （　学时）	子学习领域 4 （　学时）	学习领域传授性 课程
学生行动					
行动环境					
教师传授					
教（学）件					
学生提交					
考核方式					

6. 按难度等级优化设计学习领域课程内容

按难度等级优化设计学习领域课程内容如表 6-14 所示。

表 6-14　按难度范围的学习领域课程（传授部分）内容设计表

学习难度范围	学习领域课程名称	传授优化
学习难度范围 1： 职业导向工作任务 ——入门和概念性知识		
学习难度范围 2： 系统的工作任务 ——职业关联性知识		
学习难度范围 3： 蕴涵问题的特殊工作任务 ——具体知识和功能性知识		
学习难度范围 4： 不可预见的工作任务 ——以经验为基础的学科系统化知识		

7. 汇总学习领域课程行动环境

汇总学习领域课程行动环境的内容如表 6-15 所示。

表 6-15　学习领域课程行动环境汇总表

学习领域课程编号			学习领域课程名称		
子学习领域编号	子学习领域名称	学校实训室	企业训练中心	企业生产现场	其他学习训练环境

学习领域课程行动环境分析

8. 汇总学习领域课程教学-学习资源

汇总学习领域课程教学-学习资源的内容如表 6-16 所示。

表 6-16　学习领域课程教学-学习资源汇总表

学习领域编号	学习领域名称	电子教案	主教材	学件（学生手册、作业纸等）	教件（教师手册等）	参考资料（理论依据、技术规范）	电子资源库（题库、试题库、案例库等）

9. 制作学习领域课程教学大纲

制作学习领域课程教学大纲的内容如表 6-17 所示。

表 6-17　学习领域课程教学大纲表

学习领域课程编号		学习领域课程名称	
讲授 单元	名　　称		学　时
行动 单元	子学习领域课程编号：　　　子学习领域课程名称：　　　学时： 项目名称： 项目教学性质： 工作程序： 教学程序： 职业竞争力培养要点： 教学环境： 教（学）件： 考核方式： 学时： 项目名称： 项目教学性质： 工作程序： 教学程序： 职业竞争力培养要点： 教学环境： 教（学）件： 考核方式： 学时： … …		

第 7 章　职业竞争力导向的工作过程-支撑平台系统化课程体系参考方案

本章给出了职业竞争力导向课程体系的三个案例，北京联合大学的《计算机信息管理》专业和河北职业技术学院的《软件技术》专业是以技术为主的专业，采用构架 2 开发流程；北京信息职业技术学院的《电子商务》专业采用构架 1 开发流程。

职业竞争力导向的课程体系开发是一个系统化工程，需要召开多次"企业专家访谈会"与"企业专家和学校专业教师联席会议"，做大量的调研与分析设计工作，并输出多张表格。为了使工作过程要点显明，课程体系方案重点突出，本章的案例将原案例经过适当的简化（原案例请参见《CVC2010 经验汇编》一书）。

采用构架 1 开发流程的专业，略去"表 6-2 典型工作任务汇总表"、"表 6-4 典型工作任务分析记录表"和"表 6-5 学习领域设计表"，保留"表 6-3 典型工作任务学习难度范围表"，并提炼出"学习领域课程列表"。将"表 Z-1 典型工作任务技术要求汇总表"和"表 Z-2 支撑学习领域理论知识表"归纳为"支撑平台主干课程列表"。

采用构架 2 开发流程的专业，略去"表 6-2 典型工作任务汇总表"、"表 6-4 典型工作任务分析记录表"和"表 6-5 学习领域设计表"，保留"表 6-3 典型工作任务学习难度范围表"，并提炼出"学习领域课程列表"和"学习领域课程教学计划"。保留"表 X-1 支撑典型工作任务的理论知识和技术汇总表"，略去"图 X-1 支撑平台课程学习链路图"，归纳为"支撑平台主干课程列表"。

学习领域课程开发，每个专业只保留一门学习领域课程的主要表格。例如，保留"表 6-9 学习领域分析表"和"表 6-17 学习领域课程教学大纲表"。

7.1　"计算机信息管理"专业[①]

7.1.1　确定专业培养目标

北京联合大学计算机信息管理专业自 1993 年开始试点高等职业教育，全过程经历了高等职业教育的第一、二阶段。目前，在全国高等院校计算机基础教育研究会高职高

---

① 参与"计算机信息管理"专业案例设计的有：北京联合大学樊月华、赵玮、陈艳燕。

专专业委员会和教育部高职高专电子信息类教学指导委员会指导下，进行第三次教育教学改革，开发职业竞争力导向的工作过程-支撑平台系统化课程体系。

专业项目组通过企业专家访谈会，项目组研讨、分析，确定：计算机信息管理是技术含量较高的专业，采用基本技术为主要支撑的专业课程体系构架 2 结构。

职业竞争力导向课程体系开发的第一步要求开发者依据准备开发的专业，确定其面向的职业和职业岗位，并对该职业岗位做简要说明，明确专业培养目标，如表 7-1 所示（对应表 6-1）。这一步骤主要由专业带头人负责，企业专家参与完成。

表 7-1　专业及其面向的职业岗位对应表

专业名称	计算机信息管理
职业名称	1.　助理企业信息管理师 2.　初级职业信息分析师
职业岗位及简要说明	1.　助理企业信息管理师（国家职业资格三级）：从事企业信息化建设，承担信息技术应用和信息系统开发、维护、管理以及信息资源开发利用工作的复合型人员 企业信息管理师分为三个等级，分别为：助理企业信息管理师（国家职业资格三级）、企业信息管理师（国家职业资格二级）、高级企业信息管理师（国家职业资格一级）。高职高专的培养目标是助理企业信息管理师 2.　初级职业信息分析师（国家职业资格三级）：从事信息采集、传递、整理、分析、发布等工作的人员。职业信息分析师共分三个等级：初级职业信息分析师（国家职业资格三级），职业信息分析师（国家职业资格二级），高级职业信息分析师（国家职业资格一级）。高职高专的培养目标是初级职业信息分析师 其他工作岗位： 信息处理技术员、信息系统运行管理员、网页制作员、电子商务技术员。现场信息安全工程师、信息系统测试技术员、数据库管理员、现场开发工程师、数据维护员、程序员、一线测试操作工程师
专业培养目标高素质技术技能性人才初步描述	本专业面向首都经济建设和社会发展需要，培养德、智、体、美等全面发展的，具备信息管理基础理论知识，了解信息系统开发全过程，理解管理信息系统的需求分析和系统设计，掌握信息组织、处理的基本技术与技能，具有信息系统的实现与维护能力，了解信息管理职业领域基本规范，能够满足从事信息管理、信息系统建设、信息系统运行维护和信息资源开发利用领域一线工作需要的高素质技术技能型人才

7.1.2　确定典型工作任务与典型工作任务所需的理论知识技术

（1）确定典型工作任务

职业教育课程开发的起点是职业分析。对现代职业活动进行整体化的分析和描述，称为典型职业工作任务分析法（BAG）。典型工作任务反映职业的典型工作内容和形式，包含完成一项任务（项目或工作）的计划、实施和评估等完整的过程。确定和分析典型工作任务的方法是"企业专家访谈会"和"典型工作任务分析"。确定后的典型工作任务如表 7-2 所示（对应表 6-2）。

表 7-2　典型工作任务表

典型工作任务编号与名称
1.　信息系统文档处理
2.　信息采集、组织与更新
3.　客户信息系统开发
4.　班级信息系统开发
5.　商品（或产品）管理信息系统开发
6.　公文流转系统实现
7.　认证系统制作
8.　企业资源调查与计划
9.　购物车制作
10.　企业营销系统实现 （或网上购物系统制作）
11.　电子政务系统制作 （或企业办公自动化系统制作）

（2）确定典型工作任务所需的理论知识和技术

支持典型工作任务的理论知识和技术，是为完成典型工作任务学生必备的，并有可能分布在不同的典型工作任务中。在不同典型工作任务中讲解这些内容，可能引起重复，或使学生对知识和技术产生片面理解，需要将其归纳总结起来，为课程链路开发提供依据。归纳总结理论知识和技术的方法是"企业专家和学校专业教师联席会议"。开发一个专业的职业竞争力导向课程体系，一般要召开三次左右的企业专家访谈会和三次联席会议。确定典型工作任务是第一次企业专家访谈会的主要内容。一般在第二步，召开第一次以企业专家为主的企业专家和学校专业教师联席会议，明确支撑本专业典型工作任务的主要理论知识和技术，如表 7-3 所示（对应表 X-1）。

表 7-3　支持典型工作任务的理论知识和技术汇总表

支持典型工作任务的理论知识和技术
理论知识与技术 1：信息处理基本理论、知识和处理技术
理论知识与技术 2：管理基础理论、知识和管理技术
理论知识与技术 3：财务管理基础知识
理论知识与技术 4：计算机应用基本理论知识和应用技术（编码、数据库、Web 应用等）

7.1.3　确定典型工作任务难度等级和支撑平台课程学习链路

（1）确定典型工作任务难度等级

根据第二步确定的典型工作任务，依照职业成长模式理论，继续对典型工作任务进行归类，将典型工作任务分为四个难度等级范围，初学者、有能力者、熟练者和专家，如

表 7-4 所示（对应表 6-3）。确定典型工作任务难度等级范围是第二次企业专家访谈会的主要内容。

表 7-4　典型工作任务学习难度范围表

职业名称：助理企业信息管理师　初级职业信息分析师

学习难度范围		典型工作任务编号与名称
学习难度范围 1	具体的工作任务（职业定向的工作任务）	1. 信息系统文档处理
		2. 信息采集、组织与更新
学习难度范围 2	整体性的工作任务（系统的工作任务）	3. 客户信息系统开发
		4. 班级信息系统开发
		5. 商品（或产品）管理信息系统开发
学习难度范围 3	蕴涵问题的特殊工作任务	6. 公文流转系统实现
		7. 认证系统制作
		8. 企业资源调查与计划
		9. 购物车制作
学习难度范围 4	无法预测的工作任务	10. 企业营销系统实现（或网上购物系统制作）
		11. 电子政务系统制作（或企业办公自动化系统制作）

（2）确定支撑平台课程的学习链路

根据第二步确定的支持典型工作任务的理论知识和技术，依据知识和技术的难度等级，高职高专学生的学习规律，及熟练掌握这些知识与技术的过程，构建课程链路。一般分为三个阶段。

阶段一入门：了解理论知识与技术的概貌，并学会最基本的应用，重整体、正确方法，而不是细节。

阶段二基础：基本的理论知识、技术理论基础和主要应用。

阶段三熟练掌握：通过企业专家的指导，实际任务模块反复训练，直到熟练掌握理论知识和技术的实际应用和主要技巧。

课程链路是支持学习领域课程的，为典型工作任务服务，根据学习领域课程的难度，开发课程链路内的课程。确定课程学习链路是以专业教师为主的第二次企业专家和学校专业教师联席会议。支撑平台课程学习链路图如图 7-1 所示。

7.1.4　确定课程体系结构图

第三步确定了典型工作任务难度和课程学习链路，需要综合考虑学习领域课程的难度和课程学习链路的阶段，使它们有机地结合起来，制订图 7-1 课程体系结构图。

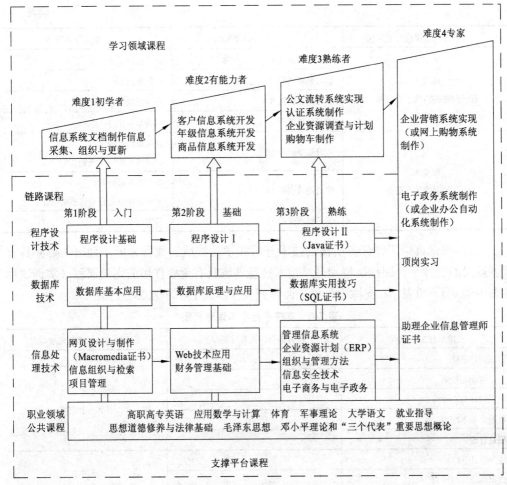

图 7-1　计算机信息管理课程体系结构图

7.1.5　设计学习领域课程和支撑平台主干课程

（1）根据典型工作任务分析，确定学习领域课程，填表 7-5 学习所示的领域课程列表。

表 7-5　学习领域课程列表

学习领域课程难度等级	学习领域课程编号	学习领域课程
难度 1 具体工作任务	学习领域课程 1	信息系统文档制作
	学习领域课程 2	信息采集、组织与更新
难度 2 整体性的工作任务	学习领域课程 3	客户信息系统开发
	学习领域课程 4	班级信息系统开发
	学习领域课程 5	商品（或产品）信息系统开发

145

学习领域课程难度等级	学习领域课程编号	学习领域课程
难度3 蕴涵问题的特殊工作任务	学习领域课程6	公文流转系统实现
	学习领域课程7	认证系统制作
	学习领域课程8	企业资源调查与计划
	学习领域课程9	购物车制作
难度4 无法预测的工作任务	学习领域课程10	企业营销系统实现 （或网上购物系统制作）
	学习领域课程11	电子政务系统制作 （或企业办公自动化系统制作）
	学习领域课程12	顶岗实习

（2）根据典型工作任务所需的技术分析和学习领域的课程分析，列出主要并具有代表意义的支撑平台课程，特别是对技术技能训练具有重要作用的实训课程（实训课程在表中画√）。填表7-6 支撑平台主干课程列表（由表 Z-1 和表 Z-2 归纳）。

表 7-6　支撑平台主干课程列表

支撑平台主干课程	是否是实训课程（是√）	支撑学习领域课程难度等级
程序设计基础		难度1 具体工作任务
信息组织与检索		
网页设计与制作		
数据库基本应用		
项目管理		
程序设计（I）		难度2 整体性的工作任务
数据库原理与应用		
Web 技术应用		
程序设计（II）（证书课程）	√	难度3 蕴涵问题的特殊工作任务
数据库实用技巧（证书课程）	√	
管理信息系统	√	
企业资源计划（ERP）		
		难度4 无法预测的工作任务

7.1.6　编制学习领域课程和支撑平台课程教学计划

通过前五个步骤的分析，得到分析结果五个表后，进入编制学习领域课程计划阶段，制作学习领域教学计划表，如表 7-7 所示（对应表 6-6）。

146

表 7-7　学习领域课程教学计划

学习领域课程编号	学习领域课程	学　　时			
		总　计	第一学年	第二学年	第三学年
1	信息系统文档制作	3 周	3 周		
2	信息采集、组织与更新	3 周	3 周		
3	客户信息系统开发	2 周	2 周		
4	年级信息系统开发	1 周	1 周		
5	商品（或产品）信息系统开发	3 周	3 周		
6	公文流转系统实现	2 周		2 周	
7	认证系统制作	1 周		1 周	
8	企业资源调查与计划	1 周		1 周	
9	购物车制作	4 周		4 周	
10	企业营销系统实现（或网上购物系统制作）	10 周		10 周	
11	电子政务系统制作(或企业办公自动化系统制作)	12 周			12 周
12	军事技能训练	2 周	2 周		
13	顶岗实习	16 周			16 周
合计学时		60 周	14 周	18 周	28 周

7.1.7　制订专业教学计划

根据课程体系结构和教学计划制订要求，制订教学计划，填写表 7-8 所示的专业教学计划表（对应表 6-7）。

表 7-8　专业教学计划表

年级	学期	课程类型		课程名称	考核方式		学分	学　　时				周学时（课内）
					考试	考查		总计	讲课	实验	其他	
一年级	第一学期	支撑平台课程	职业领域公共课程	思想道德修养与法律基础		*	3	44	44			3
				高职高专英语 I	*		4	60	60			4
				应用数学与计算 A	*		4	60	60			4
				形势与政策		*	1	(8)	(8)			
				体育 I		*	1	30	30			2
				小计			13	194	194	0		
			链路课程	信息组织与检索		*	2	30	16	14		2
				程序设计基础	*		3	44	22	22		2
				小计			5	74	38	36		

年级	学期	课程类型	课程名称	考核方式 考试	考核方式 考查	学分	学时 总计	学时 讲课	学时 实验	学时 其他	周学时 (课内)
一年级	第一学期	学习领域课程	信息系统文档制作		*	3	3周				
			信息采集、组织与更新	*		3	3周				
			入学教育				1周				
			军事技能训练	*		2	2周				
			小计			8	9周				
		第一学年第一学期小计				26	268	232	36	0	17
一年级	第二学期	支撑平台课程	职业领域公共课程 高职高专英语Ⅱ	*		4	60	60			4
			军事理论	*		2	30	30			2
			大学语文		*	2	30	30			2
			体育Ⅱ			1	30	30			2
			小计			9	150	150			
			链路课程 网页设计与制作	*		3	44	22	22		3
			数据库基本应用	*		3	44	22	22		3
			程序设计（Ⅰ）		*	3	44	22	22		3
			项目管理		*	2	30	14		16	2
			小计			11	162	80	66	16	
		学习领域课程	客户信息系统开发		*	2	2周				
			年级信息系统开发		*	1	1周				
			商品管理信息系统开发	*		3	3周				
			小计			6	6周				
		第一学年第二学期小计				26	312	230	66	16	21
二年级	第一学期	支撑平台课程	职业领域公共课程 高职高专英语Ⅲ	*		4	60	60			4
			小计			4	60	60			
			链路课程 程序设计（Ⅱ）	*		2	30	14	16		2
			数据库原理与应用	*		4	60	30	30		4
			计算机网络技术应用		*	3	44	22	22		3
			Web技术应用	*		3	44	22	22		3
			财务管理基础		*	2	30	16		14	2
			小计			14	208	104	90	14	

年级	学期	课程类型	课程名称	考核方式		学分	学时				周学时（课内）
				考试	考查		总计	讲课	实验	其他	
二年级	第一学期	学习领域课程	公文流转系统实现		*	2	2周				
			认证系统制作		*	1	1周				
			企业资源调查与计划		*	1	1周				
			购物车制作	*		4	4周				
			小计			8	8周				
		第二学年第一学期小计				26	268	164	90	14	18
	第二学期	支撑平台课程	职业领域公共课程	高职高专英语Ⅳ	*		4	60	60			4
			毛泽东思想、邓小平理论和"三个代表"重要思想概论	*		4	60	60			4
			小计			8	120	120			
			链路课程	数据库实用技巧	*		2	20	14	16		2
			操作系统应用		*	2	30	14	16		2
			管理信息系统	*		4	60	30	30		4
			企业资源计划（ERP）		*	2	30	14		16	2
			小计			10	140	72	62	16	
		学习领域课程	企业营销系统实现（或网上购物系统制作）	*		10	10周				
			小计			10	10周				
		第二学年第二学期小计				28	260	192	62	16	18
三年级	第一学期	支撑平台课程	职业领域公共课程	就业指导		*	1	14	14			1
			小计			1	14	14			1
			链路课程	信息安全技术	*		3	44	22	22		3
			电子商务与电子政务	*		4	60	30	30		4
			组织与管理方法	*		3	44	22		22	3
			选修课		*	5	74	52	22		5
			小计			15	222	126	74	22	

149

年级	学期	课程类型		课程名称	考核方式		学分	学时				周学时（课内）
					考试	考查		总计	讲课	实验	其他	
三年级	第一学期	学习领域课程		电子政务系统制作(或企业办公自动化系统制作)	*		12	12周				
				小计			12	12周				
		第三学年第一学期小计					28	236	140	74	22	16
	第二学期	学习领域课程		顶岗实习	*		16	16周				
				毕业教育				1周				
				小计			16	17周				
		第三学年第二学期小计					16					
理论教学环节总计							90	1344	958	328	68	
集中实践教学环节总计							60					

总学分：150

职业领域公共课程学分：35　　　　　　　　占总学分比例：23.3%

技术技能平台（链路）课程学分：55　　　　　占总学分比例：36.7%

学习领域课程学分：60　　　　　　　　　　占总学分比例：40%

7.1.8　开发"公文流转系统实现"学习领域课程教学大纲

1．分析学习领域

分析学习领域的内容如图 7-9 所示。

表 7-9　学习领域分析表（对应表 6-9）

学习领域编号：6	学习领域名称：公文流转系统实现

学习领域对应典型工作任务中的项目类型：按工作情景实施

学习领域对应典型工作任务中的项目实施工作步骤：

项目调查：通过初步调查，可行性分析，定义项目目标，立项并签合同。

组织分工：成立项目组，项目任务分解，定义分工内容，明确界面与分工。

方案决策：通过详细调查，系统分析，需求分析，形成系统逻辑，选定总体方案。

计划制订：绘制任务网络图，资源、费用需求估算与分配计划制订，时间管理计划，质量保障计划，测试方案与计划。

项目实施：系统实施，项目协调与变更控制，风险管理，进度控制，质量监控，人员调配。

结果测试：系统测试，试运行。

项目交接：项目提交，用户培训，技术资料提交，文档提交，资金结算。

项目评价

学习领域编号：6	学习领域名称：公文流转系统实现

通过学习领域课程分析确定子学习领域：

子学习领域编号	子学习领域名称
6-01	公文流转系统立项
6-02	公文流转系统需求分析与设计
6-03	公文流转系统实施与测试
6-04	公文流转系统试运行
6-05	公文流转系统项目提交

2．制作学习领域课程教学大纲

制作学习领域课程教学大纲的内容如表 7-10 所示。

表 7-10　学习领域课程教学大纲表（包含一个子学习领域，对应表 6-17）

<table>
<tr><td colspan="2">学习领域课程编号：6</td><td colspan="2">学习领域课程名称：公文流转系统实现</td></tr>
<tr><td colspan="2" rowspan="4">讲
授
单
元</td><td>名　　称</td><td>学　时</td></tr>
<tr><td>项目管理知识，事务处理知识，企业管理知识，商务谈判知识</td><td>1</td></tr>
<tr><td>系统详细的调查过程与方法，需求分析方法，系统总体设计知识，详细设计知识，数据库知识，程序设计知识</td><td>2</td></tr>
<tr><td>计算机网络知识，软件体系结构相关知识，多种技术综合应用方法，系统测试知识</td><td>4</td></tr>
<tr><td colspan="2"></td><td>系统运行、管理与维护知识</td><td>1</td></tr>
<tr><td colspan="2" rowspan="20">活

动

单

元</td><td colspan="2">子学习领域编号：6-01　　　子学习领域名称：公文流转系统立项</td></tr>
<tr><td colspan="2">项目名称：项目初步调查</td></tr>
<tr><td colspan="2">项目教学性质：完全设计，由学生自己设计调查过程，实际调查</td></tr>
<tr><td colspan="2">工作程序：对企业业务，组织结构，业务流程，岗位职责，公文流转过程做初步调研，要求在调查前有充分的准备，对企业资料进行研究</td></tr>
<tr><td colspan="2">教学程序：在企业系统分析工程师指导下，学生分工合作，每人完成一项调查工作　6 学时
　　　　　小组汇总　　2 学时</td></tr>
<tr><td colspan="2">职业竞争力培养要点：获取信息能力，与用户沟通能力，协调能力，团队工作能力</td></tr>
<tr><td colspan="2">教学环境：企业各部门，领导与员工配合</td></tr>
<tr><td colspan="2">教（学）件：企业提供有关资料</td></tr>
<tr><td colspan="2">考核方式：不单独考核</td></tr>
<tr><td colspan="2">学　时：8</td></tr>
<tr><td colspan="2">项目名称：可行性分析</td></tr>
<tr><td colspan="2">项目教学性质：模块设计，由学生根据可行性报告范本，设计编写步骤</td></tr>
<tr><td colspan="2">工作程序：根据初步调研，编写管理可行性分析、技术可行性分析、资源可行性分析。明确系统目标、功能与规模，完成可行性分析报告</td></tr>
<tr><td colspan="2">教学程序：以组为单位，完成可行性分析报告，由教师组织评选，综合成一份可行性分析报告，并由企业项目经理认定，用课外学时</td></tr>
<tr><td colspan="2">职业竞争力培养要点：分析能力，综合能力，应用文档撰写能力</td></tr>
<tr><td colspan="2">教学环境：学校多媒体教室，企业会议室</td></tr>
<tr><td colspan="2">教（学）件：企业提供有关资料，可行性分析报告范本</td></tr>
<tr><td colspan="2">考核方式：企业项目经理评价可行性报告是否可用，可用为通过，不可用为不通过</td></tr>
<tr><td colspan="2">学　时：0</td></tr>
<tr><td colspan="2">项目名称：草拟合同</td></tr>
</table>

	项目教学性质：完全模拟，模仿合同范本，草拟合同
	工作程序：根据用户需求、意图、系统目标，草拟合同
	教学程序：教师指导，用课外学时
	职业竞争力培养要点：用户沟通能力，应用文档编写能力
	教学环境：学校多媒体教室
	教（学）件：合同范本
	考核方式：企业项目经理评价合同是否可用，可用为通过，不可用为不通过
	学　时：0
	项目名称：合同谈判，并签合同
活	项目教学性质：完全设计，学生代表将自己设计谈判目标，目标阈值
	工作程序：与企业谈判，签订项目合同
动	教学程序：2 学时
	职业竞争力培养要点：竞争力，协调能力，口头表达能力
单	教学环境：企业会议室
	教（学）件：合同
元	考核方式：项目交接后，在项目负责人项中评价　2 学时
	项目名称：成立项目组
	项目教学性质：完全设计
	工作程序：选出项目负责人。任务初步分解，制订项目初步计划
	教学程序：项目组成立后，企业信息开发中心主任划分项目工作岗位　2 学时
	竞争力培养要点：组织能力，任务分解能力，团队工作能力
	教学环境：企业信息开发中心
	教（学）件：可行性分析报告，合同，项目初步计划
	考核方式：企业信息开发中心主任检查项目分工和项目初步计划，等级为通过与不通过
	学　时：2 学时

7.2 "软件技术"专业①

7.2.1 确定专业培养目标

河北工业职业技术学院软件技术专业开办于 1995 年，2007 年被批准为"河北省高职高专教育教学改革示范专业"。本专业课程体系是在学习德国职业教育理论——基于工作过程系统化的课程观的基础上，结合本专业课程改革第二阶段的"就业导向的职业能力系统化课程及其开发方法"的课程开发方法研究成果，采用了"职竞争力导向的工作过程-支撑平台系统化课程体系"构架 2 的开发方法。鉴于《软件技术专业》教育教学改革示范专业建设的工作基础和专业改革的特色，对构架 2 的工作步骤略做调整，细化了典型工作任务的分析确定过程，调整后的软件专业人才培养方案设计过程如图 7-2 所示。

---

① 参与"软件技术"专业案例设计的有：河北工业职业技术学院姜波、姜艳芳、李玮。

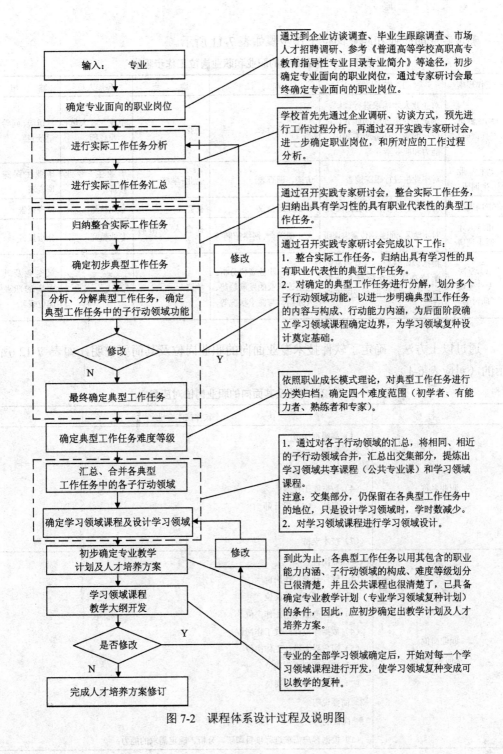

图7-2 课程体系设计过程及说明图

确定专业的职业和职业岗位工作步骤如表 7-11 所示。

表 7-11 确定专业的职业和职业岗位工作步骤表

工作步骤	工 作 目 标	方 法	地 点	参加人员	输 出
到企业进行调研	对企业人才需求进行调研，确定专业所面向的职业、岗位、职责、任务所需知识、能力和职业素养等	访谈、调查表	企业	企业一线人员+专业教师	《访谈、问卷记录表》
进行毕业生调研	对毕业生进行跟踪调查	访谈、调查表	企业+学校	毕业生+专业教师	毕业生跟踪调查表
市场调研	对本地区、本行业进行调研	参加专题会议	社会	专业教师	调查报告
市场人才需求调研	对本地区、职业岗位需求调研	人才招聘会、网络招聘等	社会人才招聘会等	专业教师	分析报告
召开学院专业建设研讨会	根据调研结果、《普通高等学校高职高专教育专业概览》，初步确定专业所面向的职业岗位群	研讨会、职业资料分析。包括该职业的发展趋势、人才结构与需求状况等	学校	教学研究人员+专业教师	《专业及其面向的职业岗位表》

通过以上方法，确定了软件技术专业面向的职业岗位及其简要说明，如表 7-12 所示的（对应表 6-1）。

表 7-12 专业及其面向的职业岗位对应表

专 业 名 称	软件技术专业
职业名称	（1）高级程序员 （2）测试工程师 （3）软件销售员 （4）数据库工程师 （5）界面（UI）设计师 （6）项目经理 （7）技术支持
职业岗位及简要说明	1. 职业岗位 （1）软件开发工作岗位 （2）软件测试工作岗位 （3）软件产品营销工作岗位 （4）数据库设计开发工作岗位 （5）用户界面设计工作岗位 （6）项目管理工作岗位 （7）技术支持工作岗位 2. 简要说明 ● 岗位能力： （1）根据客户需求进行项目调研、分析、确定需求的能力；

专 业 名 称	软件技术专业
职业岗位 及简要说明	(2) 根据项目需求进行软件产品的开发、测试、发布、部署的能力； (3) 根据市场情况进行 IT 产品营销、售后技术支持的能力； (4) 根据项目需求进行数据库的设计、开发、管理的能力； (5) 项目开发过程中的质量控制与质量管理的能力。 ● 就业方向： (1) 在各类公司从事软件开发、软件测试等方面的工作； (2) 各级类管理部门、信息部门从事信息管理、信息系统实施和运行管理等方面工作； (3) 各类软件公司从事 IT 产品营销、售后技术支持的工作； (4) 网站、网页的设计、运行与维护等方面工作。
专业培养目标 高素质技能性 人才初步描述	本专业主要为京、津、冀地区培养拥护党的基本路线，适应企业信息化服务领域生产、建设、开发、管理第一线需要的，德、智、体、美等全面发展的，具有良好的职业道德、创业精神和创新能力的高等技术应用性专门人才。 毕业生应掌握软件开发技术与应用理论基础，具有程序设计、数据库应用软件开发的基本能力；能够熟练进行软件测试、数据库管理等；能够较为熟练地掌握一门外语，阅读和管理一般技术文档。本专业培养从事软件开发、软件测试、数据库应用系统开发、软件开发过程管理、IT 产品营销等工作的技术应用型人才。

7.2.2 确定典型工作任务与典型工作任务难度等级

工人专家访谈会及典型工作任务分析通过以下六个步骤完成。步骤中涉及的表格主要参考《职业教育与培训学习领域课程开发手册 》（欧盟 Asia-Link 项目"关于课程开发的课程设计"课题组，高等教育出版社）。

步骤一：主持人致辞及会议内容介绍（60 分钟）。

步骤二：专家个人职业历程介绍（70 分钟）。

步骤三：确定软件技术专业面向的职业和岗位（40 分钟）。

步骤四：确定典型工作任务（150 分钟）。

会议内容及任务安排如下：

（1）分三个小组讨论工作任务（100 分钟），每组 3～4 人

讨论时注意以下事项：

① 每个工作任务都要有一个标题，标题内容包括一个完整的句子以及连续的编号，编号里含有小组的编号。例如，A 组就是 A1，A2，…A20。

② 各小组确定工作任务 15～20 个，并填写小组的《职业领域的工作任务表》。

③ 工作任务的描述应全面反映成员的职业实践活动，以及包含所需工具、所用方法和工作要求的陈述。

④ 小组汇总工作任务时应分别确定：所有成员在各自职业历程中都从事过的工作任务；只有个别成员从事过，但对职业有普遍意义的工作任务；所有组员都未从事过，但对职业有代表性或在不久的将来会有需要的工作任务。

⑤ 把工作任务的标题和表述填写在小组的《典型工作任务汇总表》中；工作任务的标题和相应的编号要另外分别写在卡片上，以后汇总时使用。

（2）各小组对工作任务汇总，汇出一个共同的典型工作任务表，填写表《典型工作任务汇总表》

① 各小组轮流汇报，每小组每次介绍一个工作任务。介绍时把卡片钉在白板上，每张卡片都有小组和任务编号。介绍时可以分工作对象、工具、方法、组织形式和工作要求进行介绍。

② 当第一个小组做完第一个工作任务的介绍并把该工作任务的标题卡片钉在白板上后，其他小组从他们的任务表中找出相同的或类似的工作任务，并把相应的标题卡也钉在白板上，这样归类之后全体再讨论。

③ 第二个小组介绍他们的第一个任务，重复上述步骤，依此类推。

④ 对各组相似的工作任务进行合并，抽象出典型工作任务，并对其汇总、命名。

步骤五：确定典型工作任务难度（30 分钟）。

会议内容及任务安排如下：

① 根据典型工作任务，填写《典型工作任务分析表（引导问题分析表）》；以《典型工作任务分析表（引导问题分析表）》为基础，按难易程度归类。

② 各小组发言。第一组对第一个典型工作任务进行归纳（属于哪个难度）并陈述理由，其他小组提出自己意见；第二组重复第一组做法，依此类推。

③ 填写《典型工作任务学习难度范围表》，如表 7-13 所示（对应表 6-3）。

表 7-13　典型工作任务难度范围表

职　业　名　称		
学习难度范围		典型工作任务编号与名称
学习难度范围 1	具体的工作任务（职业定向的工作任务）	典型工作任务 1：用户界面的设计 典型工作任务 2：软件的营销 典型工作任务 3：技术文档的管理
学习难度范围 2	整体性的工作任务（系统的工作任务）	典型工作任务 4：数据库的管理 典型工作任务 5：数据库的开发 典型工作任务 6：代码的编写与调试 典型工作任务 7：代码文档的编写 典型工作任务 8：测试方案的实施 典型工作任务 9：产品售后的技术服务

职　业　名　称	
学习难度范围	典型工作任务编号与名称
学习难度 范围 3	蕴涵问题的特殊 工作任务	典型工作任务 10：数据库的设计 典型工作任务 11：功能模块的设计 典型工作任务 12：测试方案的制订 典型工作任务 13：产品的技术咨询
学习难度 范围 4	无法预测的工作 任务	典型工作任务 14：用户需求的调研及分析 典型工作任务 15：项目计划的制订 典型工作任务 16：项目的组织与实施

④ 对典型工作任务连续编号，按编号填写《典型工作任务汇总表》，如表 7-14（对应表 6-2）。

表 7-14　典型工作任务汇总表

职　业　名　称	
典型工作任务编号	典型工作任务名称
典型工作任务 1	用户界面的设计
典型工作任务 2	软件的营销
典型工作任务 3	技术文档的管理
典型工作任务 4	数据库的管理
典型工作任务 5	数据库的开发
典型工作任务 6	代码的编写与调试
典型工作任务 7	代码文档的编写
典型工作任务 8	测试方案的实施
典型工作任务 9	产品售后的技术服务
典型工作任务 10	数据库的设计
典型工作任务 11	功能模块的设计
典型工作任务 12	测试方案的制订
典型工作任务 13	产品的技术咨询
典型工作任务 14	用户需求的调研及分析
典型工作任务 15	项目计划的制订
典型工作任务 16	项目的组织与实施

步骤六：典型工作任务分析（120 分钟）。

会议内容及任务安排如下：

① 分小组进行典型工作任务分析。主持人根据《工作分析引导问题目录表》的每一项，对典型工作任务进行逐一核对、小组论述，记录负责人汇总记录；分析每个典型工作任务的工作时，针对八个要点进行工作过程、工作岗位、工作对象、工具与器材、工作方法、劳动组织、对工作及工作对象的要求和区分点。

② 分小组填写《典型工作任务分析记录表》。如表 7-15，表 7-16，表 7-17 所示（对应表 6-4）。

表 7-15　典型工作任务分析记录表 1

数据库设计师	
典型工作任务 5	数据库开发

工作岗位

岗位位于软件公司的开发部，工位主要是计算机操作台。

工作过程

根据数据库设计结果开发数据库、数据表、视图、存储过程。该任务是软件开发的重要部分，也是代码编写和调试的前提，它分布在开发软件的详细设计阶段。　完成该任务的步骤如下：

第一步：仔细阅读详细设计说明书、项目代码编写规范、客户需求分析说明书。

第二步：数据库设计师根据要求编写代码设计阶段所必需的数据库和数据表。

第三步：把某些通用功能进行独立，设计存储过程，以方便程序员们编写代码时直接调用。

第四步：数据库设计师根据程序员修改意见对数据库继续修改，直到满足要求。

第五步：数据库设计师提交完整数据库以及数据库说明书和数据库使用说明书。

工作任务的对象

数据库设计图：数据库设计图是进行具体数据库设计的基础，通过它能够了解本数据库中的实体，实体中包括哪些属性，实体之间的关系如何，实体之间是否有数据依赖关系。

数据库：通过建立数据表，确定了表与表之间的主从关系；为了系统安全需要，不同权限的人登录系统后，应看到不同的系统数据，这就需要引入视图；对不同数据表进行操作时，会有一些重复性动作，如果这些重复动作都需要编写代码，这就增加了代码编写人员的工作量，也浪费时间，所以设计数据库时，要封装一些存储过程，当代码编写人员需要的时候，直接调用即可。

日志：数据库设计师在一天工作之后，要对一天的工作进行总结，项目负责人通过检查日志能够了解项目完成情况，也能对项目进度进行及时的监督。本人通过每天的日志，也能对自己的工作进行记录。

数据库设计规范：数据库设计规范是进行数据库设计的规则手册，数据库设计时要遵守该规范。满足数据库设计的范式，至少要满足第一范式和第二范式；至于第三范式，要看客户对系统的要求，因为如果满足了第三范式，减少数据冗余，但增加了系统的查询开销。设计数据库时，应兼顾系统各方面性能的要求。

工具、方法与工作的组织

工具：数据库管理系统作系统。数据库管理系统要适合项目要求，选择时，一定要了解项目的规模、用户使用场合、数据量的大小等问题。操作系统选择也非常重要。很多的数据库开发软件对于操作系统有要求，甚至同一个数据库开发软件的不同版本，对操作系统也有要求。

方法：开发过程中一般采用原型分析法，首先开发出一个基本能够满足客户要求的数据库，然后根据客户的意见进行下一阶段的开发和继续完善，如此反复，最后直到客户满意为止。

组织：数据库开发是开发小组要完成的一项基本的任务，在每一个项目组里都有一位数据库设计师专门来完成，但是他必须很清楚客户需求和系统的详细设计说明书。

对工作和技术的要求

使用各种数据库设计软件是数据库设计师必备的能力。数据库设计规范是进行数据库开发应遵从的准则，但不能教条地照搬，必须按照数据设计规范进行开发要结合客户和系统要求，尽力平衡系统效率和操作复杂度以及数据库冗余度。

区分点

数据库开发是整个项目的一个不可缺少的步骤，为代码设计和调试提供数据支持。

表 7-16　典型工作任务分析记录表 2

高级程序员	
典型工作任务 6	代码的编写与调试

工作岗位

岗位位于软件公司的开发部，工位主要是计算机操作台。

工作过程

根据详细设计说明书和界面设计阶段所设计界面 Demo，编写相应的代码、设计预期的前台效果，响应人们赋予它的指令，为系统测试提供产品。该工作过程分布在代码设计、软件测试和软件维护阶段。操作步骤如下：

第一步：程序员仔细阅读详细设计说明书、项目代码编写规范，前期与客户进行沟通的界面 Demo。

第二步：程序员根据要求，编写所负责的模块代码，并且进行调试。

第三步：程序员书写开发日志，代码文档。

第四步：按照要求，提交代码给测试员，并根据测试员的反馈，修改存在缺陷的代码。

第五步：与客户进一步沟通，对客户提出新功能进行代码设计；有疑义功能进行代码修改。

第六步：对集成测试过程中出现的模块之间接口问题进行相应处理，对出现的代码问题进行修改。

第七步：在项目维护期，对项目中存在的隐含缺陷及时记录与改正。

工作任务的对象

详细设计说明书：程序员一定要按照详细设计说明书设计代码。通过它，程序员能够了解项目的功能、客户要求、所包含数据库和表、表之间关系、数据之间流向等。

代码编写规范：每一个程序员在编写代码时，必须要清楚本项目的代码编写规范，知道代码中涉及的变量等该如何命名，这样在进行整合的时候，避免命名重复、命名混乱等问题的出现。

日志：程序员在一天工作完成之后，要对一天工作进行总结，项目负责人通过检查日志了解程序员项目完成情况，监督项目进度。程序员本人通过每天的日志，也能对自己的工作进行记录。

工具、方法与工作的组织

工具：包括数据库软件、开发软件和操作系统。通过数据库软件管理项目中所设计的数据库、数据表、存储过程、触发器等，为验证代码的功能提供必须的数据保障；选择合适的开发软件，一方面要能完成用户所要求功能，保证程序可靠性和稳定性，另一方面考虑开发人员比较熟悉的开发软件，确保工作快捷；同时选择合适操作系统，因为不同操作系统所附带的一些工具和接口不同。

方法：开发的过程中一般采用原型分析法，开发到一定阶段基本实现了顾客所要求的功能，就进行测试，然后就现已完成的部分与客户进行沟通，根据客户的意见进行下一阶段的开发和继续完善，如此反复，最后直到客户满意为止。

组织：小型项目代码的开发，可以个人单独完成，但是大型的项目代码都是团队合作开发，每一个人负责该项目的一部分，然后按照项目组的计划逐步完善自己负责的那部分代码。

对工作和技术的要求

学习新技术能力是每个成员必备的。团队合作能力也是必不可少。程序员设计时，要考虑到用户操作的简单性。代码设计要保证运行的稳定性，不能因为用户的误操作就造成待机、死机等现象。

区分点

代码设计和调试是整个项目的重要阶段，为各种测试提供产品。代码设计还是详细设计的具体实现，只有编写了代码，才能把详细设计阶段的产品转化为可运行的软件产品。

表 7-17 典型工作任务分析记录表 3

测试工程师	
典型工作任务 8	测试方案的实施

工作岗位

该工作岗位位于软件产品测试部，工位主要是计算机操作隔断间，并配有计算机、网络环境等。

工作过程

主要对已开发好的模块以及系统根据制订好的测试方案、测试计划、需求分析、概要设计、详细设计、程序编码等各阶段所得到的文档，使用恰当的测试工具，对软件系统进行测试，并编写测试报告，以发现尽可能多的缺陷，最终提高软件质量，其具体工作过程步骤如下：

第一步：根据测试方案及测试计划，选择恰当的测试工具。

第二步：依据系统设计文档进行单元测试。

第三步：依据系统设计文档和需求文档进行集成测试。

第四步：依据需求文档进行系统测试。

第五步：依据需求文档进行验收测试。验收测试由用户来执行，用于检查软件能否按合同要求进行工作，即是否满足软件需求说明书中的确认标准。

第六步：依据测试结果编写并提交测试报告。

工作任务的对象

已开发好的模块或系统、测试方案、测试计划以及需求分析、概要设计、详细设计以及程序编码等各阶段所得到的文档（包括需求规格说明、概要设计规格说明、详细设计规格说明）。

工具、方法与工作的组织如下：

工具：根据软件特性选用合适测试工具，例如 Winrunner，Loadrunner，Rational 等测试工具。

方法：静态测试、动态测试、黑盒测试、白盒测试。

组织：测试过程根据测试方案执行。在具体实施过程中，依次进行单元测试、集成测试、系统测试和验收测试，最终编写并提交测试报告。

对工作和技术的要求

熟悉软件的测试技术、方法、流程、测试文档、自动化测试流程；了解主流测试工具以及相应的开发测试方法；熟悉主流软件工程方法论和思想；了解软件工程，软件生命周期模型基础；具备良好的沟通技巧以及优秀的言语表达能力和良好的团队合作精神。

区分点

软件测试的实施阶段是由一系列的测试周期组成的。在每个测试周期中，测试工程师将依据预先编制好的测试大纲和准备好的测试用例，对被测软件进行完整测试，测试与纠错是反复交替进行。

7.2.3 确定典型工作任务所需知识能力要求

根据上述步骤所总结的专业及其面向的职业岗位对应表（见表 7-12）、典型工作任务难度范围表（见表 7-13）、典型工作任务汇总表（见表 7-14）、典型工作任务分析记录表（见表 7-15 至表 7-17），同时参考《普通高等学校高职高专专业目录专业概览》，在职业和工作任务分析的基础上，适当扩展本专业的就业面，推导总结出软件技术专业所面向的培养目标、能力要求和知识要求，如表 7-18 所示。

表 7-18　确定专业培养目标

确定专业培养目标

<table>
<tr><td rowspan="2">目标
陈述</td><td colspan="2">本专业旨在培养拥护党的基本路线，适应新型工业化生产、建设、服务和管理第一线需要的，德、智、体、美等方面全面发展的，具有必备的基础理论知识和专门知识，掌握从事软件编码、软件测试、软件销售及技术支持、企业信息化服务等实际工作的基本能力和基本技能，具有良好职业道德和敬业精神的高素质技能型专门人才。</td></tr>
<tr></tr>
<tr><td rowspan="5">能力
要求</td><td>1</td><td>根据客户需求进行项目调研、分析、确定需求的能力</td></tr>
<tr><td>2</td><td>根据项目需求进行软件产品的开发、测试、发布、部署的能力</td></tr>
<tr><td>3</td><td>根据市场情况进行 IT 产品营销、售后技术支持的能力</td></tr>
<tr><td>4</td><td>根据项目需求进行数据库的设计、开发、管理的能力</td></tr>
<tr><td>5</td><td>项目开发过程中的质量控制与质量管理的能力</td></tr>
<tr><td rowspan="2">知识
要求</td><td>工作过程性知识
（经验性知识）</td><td>① 掌握系统开发环境的配置
② 掌握程序设计流程图的画法
③ 掌握面向过程的程序设计方法
④ 掌握数据库应用开发环境及熟悉一门计算机高级语言程序设计和数据库程序设计
⑤ 掌握调试程序语法、语义、逻辑和调试程序功能的方法
⑥ 掌握整理和编写程序文档的方法</td></tr>
<tr><td>支撑知识
（学科知识）</td><td>① 具有高等技术应用性人才必备的数学、外语和其他文化知识
② 了解计算机软/硬件基本理论
③ 桌面操作系统的基本使用
④ 网络基础知识和基本应用
⑤ Internet 基本知识及基本应用</td></tr>
</table>

7.2.4　开发"数据库开发"学习领域课程教学大纲

开发"数据库开发"学习领域课程教学大纲步骤如下：

步骤一：在职业岗位和典型工作任务分析基础上，推导出学习领域的学习目标和理论教学内容。

步骤二：理论内容确定之后，进一步设计出如何把这些理论应用于实践，学生在实践中应该掌握哪些能力。

步骤三：确定理论学习和实践学习过程中所使用的工具、方法、工作对象和工作要求。

下面是"数据库开发"（见表 7-19）、"代码的编写与调试（见表 7-20）"、"测试方案的实施（见表 7-21）"的学习领域设计表（对应表 6-5）。

表 7-19　学习领域设计表 1

软件技术专业

学习领域编号：5 学习难度范围：2	数据库开发	时间安排 企业（2 周）；学校（24 学时）

职业行动领域描述

根据数据库设计结果进行数据库开发，开发出代码设计阶段所必需的数据表、视图和存储过程。

各学习场所的学习目标

（企业）实践教学	（学校）理论学习
了解项目要完成的功能和用户对系统的要求，熟悉项目开发使用的开发软件；熟悉所使用的数据库管理系统，在此基础上能够设计系统所需要的数据表、表与表之间的关系；能够设计存储过程，用以减少程序设计人员对同一功能的重复代码的编写；能够使用事务对操作的完整性进行控制；能够评价自己设计的一切数据库中的内容是否能够符合项目要求。	了解数据库设计规范、数据表设计应该在满足数据库设计规范的同时要兼顾效率、数据库中所包括的内容以及各项内容之间的关系；掌握数据表、视图的建立方法，设置表与表之间关系；掌握存储过程的建立过程；了解索引作用、类型和各种索引的建立方法；了解事务在保护数据完整性方面的作用、建立方法。学习操作这些内容的 SQL 语句的格式，能够熟练地对数据库中的对象进行各种操作。

工作与学习内容

工作对象	工具	
数据设计图 流程图 数据字典 数据库管理系统 数据表、视图、存储过程、事务。 客户要求说明 数据库设计规范 数据库开发手册	数据库管理系统（SQL Server， Oracle 等）； 数据库设计规范 计算机硬件；操作系统（Windows、Linux 等） **工作方法** 了解项目的功能和客户需求，研究数据设计阶段的产品，根据要求建立项目所需要的内容，对操作结果给予评价，对数据库数据操作 **劳动组织** 数据库设计师实施数据开发	**工作要求** 能使用各种数据库设计软件，掌握各种软件的使用环境，应用范围和使用方法。 熟悉数据库设计规范，尽力平衡系统效率和操作复杂度以及数据库冗余度。 熟悉 SQL

表 7-20　学习领域设计表 2

软件技术专业

学习领域编号：6 学习难度范围：2	代码的编写与调试	时间安排 企业（7 周）；学校（240 学时）

职业行动领域描述

根据详细设计说明书和界面设计阶段出现的界面 Demo，编写相应的代码，出现人们预期的前台效果，响应人们赋予它的指令，为系统测试提供产品。它分布在代码设计、软件测试和软件维护阶段。在完成此任务的过程中，程序员必须能够熟练运用开发软件，明白客户的需求。

各学习场所的学习目标

（企业）实践教学	（学校）理论学习
首先了解项目功能和用户需求，然后根据界面 Demo，对项目中的各个控件进行代码编辑，并且不断调试。此过程中，要根据测试计划，提交系统测试人员测试，反馈后再进行代码修改。基本功能实现之后，提交客户进行咨询，然后根据客户意见对系统功能再次进行修改，直到项目完成。软件投入运行期后，对程序代码所存在隐含 bug 及时地进行处理，最后把代码文档交给文档管理员留存。	要熟悉该项目的开发软件，了解该软件的安装、卸载和配置过程，学习该软件包括哪些常量、变量、数据类型，掌握程序设计三种结构（顺序、分支、循环）的语法格式以及应用范围。理解该软件的输入、输出方法，掌握代码中涉及的函数、过程或者类的定义方法和调用方法。清楚系统中可能出现异常的种类，系统一旦出现异常时知道如何进行处理。了解计算机中文件的概念和类型，掌握如何通过代码实现对文件的操作。

工作与学习内容

工作对象	工具	工作要求
详细设计说明书；客户需求说明书；界面样例（Demo）；代码编写规范 客户要求说明；数据库使用说明书 开发日志；代码文档	项目开发软件（PB、JBuilder、ASP 等）；操作系统（Windows、Linux 等）代码编写规范 计算机硬件 **工作方法** 了解项目的功能和客户需求；根据要求建立项目所需要的内容；对操作结果给予评价；对数据库进行操作 **劳动组织** 个人可以单独完成小型项目发。大型项目代码由团队合作开发，每人负责项目一部分，按项目组计划逐步完善自己负责的那部分代码	学习新技术能力 团队合作能力 程序员设计时，一定要考虑到用户操作的简单性和系统的易用性

表 7-21　学习领域设计表 3

软件技术专业

学习领域编号：8	测试方案的实施	时间安排
学习难度范围：2		企业（4 周）；学校（60 学时）

职业行动领域描述

执行测试工作之前，依据测试用例形成测试用例报告；测试过程中，测试人员将发现的缺陷编成正式的缺陷报告，提交给开发人员进行缺陷确认和修复；测试完成后，测试人员根据测试结果分析软件质量，包括缺陷率、缺陷分布、缺陷修复趋势等，给出软件各种质量特性包括有功能性、可靠性、易用性、安全性等的具体度量；最后给出软件是否可以发布或提交用户使用的结论。

各学习场所的学习目标

（企业）实践教学	（学校）理论学习
根据测试方案及测试计划，选择恰当的测试工具；根据系统设计文档进行单元测试；依据系统设计文档和需求文档进行集成测试；依据需求文档进行系统测试；依据需求文档进行验收测试；依据测试结果编写测试报告。	熟练掌握常用测试工具的使用，并能根据测试方案及测试计划，选择恰当的测试工具；熟悉软件的测试技术、方法、流程；了解主流测试工具；熟悉主流软件工程方法论和思想；了解软件工程；学习如何依据测试结果编写测试报告。

工作与学习内容		
工作对象 已开发好的模块或系统 需求分析、概要设计、详细设计以及程序编码等各阶段所得到的文档 测试工具（例如 Winrunner，Loadrunner，Rational） 测试方法（静态测试、动态测试、黑盒测试、白盒测试等）	**工具** Winrunner，Loadrunner，Rational 等测试工具 **工作方法** 选择测试工具、制订测试方案、执行测试；编写测试报告 **劳动组织** 制订测试方案、依据设计文档完成测试、编写测试报告	**工作要求** 熟练使用测试工具 遵循软件测试原则 严格的测试步骤 测试报告的编写规范

7.2.5　编制学习领域课程和支撑平台课程教学计划

根据以上三个学习领域设计表,初步编制学习领域课程教学计划,如表 7-22 所示(对应表 6-6)。

表 7-22　初步编制学习领域课程教学计划

编　号	学习领域课程	基　准　学　时			
		总计	第一学年	第二学年	第三学年
1	用户界面的设计	128	128	0	0
2	软件的营销	116	116	0	0
3	技术文档的管理	64	64	0	0
5	数据库的开发	104	54	50	0
4	数据库的管理	104	0	104	0
6	代码的编写与调试	520	90	280	150
7	代码文档的编写	104	74	30	0
8	测试方案的实施	220	0	220	0
9	产品售后的技术服务	110	0	110	0
10	数据库的设计	104	0	0	104
11	功能模块的设计	110	0	0	110
12	测试方案的制订	150	0	0	150
13	产品的技术咨询	90	0	90	0
14	用户需求的调研及分析	140	0	0	140
15	项目计划的制订	220	0	0	220
16	项目的组织与实施	150	0	0	150
合计学时		2434	526	884	1024

7.2.6　确定课程体系结构图

软件技术专业课程体系如图 7-3 所示。在专业课程体系中,横向为能力课程链路,纵向为工作过程项目。全部三年学习期间分为四个阶段,分别是:

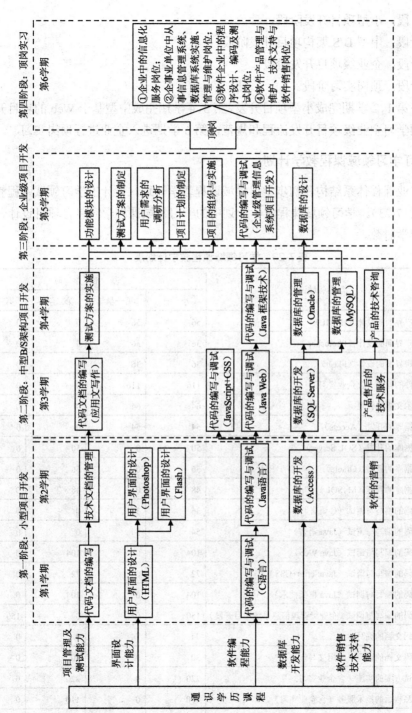

图7-3 软件技术专业课程体系

165

第一阶段：小型项目开发阶段。

第二阶段：中型 B/S 架构项目开发阶段。

第三阶段：企业级项目开发阶段。

第四阶段：顶岗实习阶段。

学生在第 1、2 学期完成小型项目开发，第 3、4 学期完成中型基于 Web 的项目开发，在第 5 学期学习企业级项目开发流程和规范，第 6 学期进入企业进行顶岗实习。

7.2.7 制订学习领域课程教学计划

根据专业课程体系结构和初步学习领域课程教学计划，设计出学习领域课程教学计划表（见表 7-23）。学习领域课程教学计划中的学习领域课程学时包含项目设计、企业实习的对应学时数。

表 7-23　学习领域课程教学计划表

学习领域课程编号	学习领域课程	基 准 学 时			
		小　计	第一学年	第二学年	第三学年
1	用户界面的设计（HTML）	56	56	0	0
2	用户界面的设计（Photoshop）	36	36	0	0
3	用户界面的设计（Flash）	36	36	0	0
4	软件的营销（含企业实习）	116	116	0	0
5	技术文档的管理	64	64	0	0
6	数据库的开发（Access）	54	54	0	0
7	数据库的开发（SQL Server）	50	0	50	0
8	数据库的管理（Oracle）	56	0	56	0
9	数据库的管理（MySQL）	48	0	48	0
10	代码的编写与调试（C 语言）	36	36	0	0
11	代码的编写与调试（Java 语言）	54	54	0	0
12	代码的编写与调试（Java Web）	104	0	104	0
13	代码的编写与调试（JavaScript+CSS）	72	0	72	0
14	代码的编写与调试（Java 框架技术）	104	0	104	0
15	代码的编写与调试（企业级管理信息系统项目开发）	150	0	0	150
16	代码文档的编写	74	74	0	0
17	代码文档的编写（应用文写作）	30	0	30	0
18	测试方案的实施（含企业实习）	220	0	220	0
19	产品售后的技术服务（含企业实习）	110	0	110	0
20	数据库的设计	104	0	0	104

学习领域 课程编号	学习领域课程	基 准 学 时			
		小 计	第一学年	第二学年	第三学年
21	功能模块的设计（含企业实习）	110	0	0	110
22	测试方案的制订（含企业实习）	150	0	0	150
23	产品的技术咨询（含企业实习）	90	0	90	0
24	用户需求的调研及分析（含企业实习）	140	0	0	140
25	项目计划的制订（含企业实习）	220	0	0	220
26	项目的组织与实施（含企业实习）	150	0	0	150
	合计学时	2434	526	884	1024

7.3 "电子商务"专业[①]

7.3.1 确定专业培养目标

北京信息职业技术学院的电子商务专业，通过企业专家访谈会，项目组研讨、分析，是以高技能为主的专业，确定采用构架 1 的开发方法。

表 7-24 专业及其面向的职业岗位表（对应表 6-1）

专业名称	电子商务专业
职业名称	1. 助理电子商务师 2. 程序员
职业岗位	1. 网络营销　　　　　　　　　2. 网站运营 3. 网站推广　　　　　　　　　4. 客户服务 5. 电子商务运行　　　　　　　6. 电子商务网站开发 7. 电子商务网站运行与维护
职业岗位 简要说明	1. 企业网络营销业务（代表性岗位：网络营销人员）：主要是利用网站为企业开拓网上业务、网络品牌管理、客户服务等工作。 2. 新型网络服务商的内容服务（代表性岗位：网站运营人员 / 主管）：频道规划、信息管理、频道推广、客户管理等。 3. 电子商务支持系统的推广（代表性岗位：网站推广人员）：负责销售电子商务系统和提供电子商务支持服务、客户管理等。 4. 商务网站系统的技术支持（代表性岗位：商务网站开发、运行与维护人员）：工作职责是电子商务系统的实现和技术支持，如商务网站建设及安全维护、系统管理和程序开发等

---

① 参与"电子商务"专业案例设计的有：北京信息职业技术学院李红、刘红岩、张海建。

167

专业名称	电子商务专业
职业岗位 简要说明	5. 处理网上商务业务流程的商务型实施（代表性岗位：电子商务运行人员、客户服务人员）：这类岗位在企业中数量较多，主要包括各类企业、政府机关、企事业单位的网上服务、物流企业的网络业务处理、现代企业的信息化经营管理。 6. 网上国际贸易（代表性岗位：外贸电子商务人员）：利用网络平台开发国际市场，进行国际贸易。 7. 电子商务创业：借助电子商务这个平台，利用虚拟市场提供产品和服务，又可以直接为虚拟市场提供服务
专业培养目标 （平台开发方向）	主要针对 5、6、7 三个工作岗位 电子商务专业平台开发方向培养具有现代企业管理与现代商务理论基础；了解电子商务网站的运营情况、业务流程；掌握电子商务网站开发、维护、管理、推广等知识方法，具备利用信息网络技术开发、维护、管理电子商务网站的能力，能在企业、金融机构等部门从事电子商务网站开发、维护、管理以及网上商务活动的高素质复合型电子商务技术人才
专业培养目标 （网络营销方向）	主要针对 1、2、3、4 四个工作岗位 电子商务专业网络营销方向培养具有现代企业管理与现代商务理论基础，掌握掌握电子商务模式、交易原理；网络营销计划、组织和控制等知识方法，具备利用网络营销技术开展电子商务活动、运用网络推广工具进行网站推广的能力，能在企业、金融机构等部门从事网上商务活动、网站推广、客户服务与管理的高素质复合型电子商务技术人才

7.3.2 确定典型工作任务与典型工作任务难度等级

根据典型工作任务，依照职业成长模式理论，继续对典型工作任务进行归类，将典型工作任务分为四个难度等级范围，初学者、有能力者、熟练者和专家，如表 7-25 所示。

表 7-25 典型工作任务学习难度范围表（对应表 6-3）

助理电子商务师、程序员	
学习难度范围	典型工作任务编号与名称
学习难度范围 1	具体的工作任务 （职业定向的工作任务）	典型工作任务 1：页面制作 典型工作任务 2：电子商务网站调研与分析 典型工作任务 3：数据库应用
学习难度范围 2	整体性的工作任务 （系统的工作任务）	典型工作任务 4：电子商务运维与管理 典型工作任务 5：系统部署与产品运维 典型工作任务 6：简单项目开发 典型工作任务 7：数据库设计与开发
学习难度范围 3	蕴涵问题的特殊工作任务	典型工作任务 8：软件框架应用 典型工作任务 9：基于企业网站的网络营销 典型工作任务 10：需求分析
学习难度范围 4	无法预测的工作任务	典型工作任务 11：电子商务网站设计与开发 典型工作任务 12：网络营销运营

7.3.3 设计学习领域课程和支撑平台主干课程

根据典型工作任务分析，确定学习领域课程，填写学习领域课程列表和支撑平台主干课程列表，如表 7-26 和表 7-27 所示。

表 7-26 学习领域课程列表

学习领域课程难度等级	学习领域课程编号	学习领域课程
难度 1 具体工作任务	学习领域课程 1	页面制作
	学习领域课程 2	电子商务网站调研与分析
	学习领域课程 3	数据库应用
难度 2 整体性的工作任务	学习领域课程 4	电子商务运维与管理
	学习领域课程 5	系统部署与产品运维
	学习领域课程 6	简单项目开发
	学习领域课程 7	数据库设计与开发
难度 3 蕴涵问题的特殊工作任务	学习领域课程 8	软件框架应用
	学习领域课程 9	基于企业网站的网络营销
	学习领域课程 10	需求分析
难度 4 无法预测的工作任务	学习领域课程 11	电子商务网站设计与开发
	学习领域课程 12	网络营销运营

表 7-27 支撑平台主干课程列表

支撑平台主干课程	是否是实训课程（是 ✓）	支撑学习领域课程难度等级
电子商务核心知识		难度 1 具体工作任务
网络与 Web 技术导论		
Java 模块开发		难度 2 整体性的工作任务
现代企业管理		
Linux 操作系统		难度 3 蕴涵问题的特殊工作任务
电子商务案例分析		
客户关系管理		
项目管理		难度 4 无法预测的工作任务
电子商务法		

7.3.4 确定课程体系结构图

根据典型工作任务难度和支撑平台主干课程分析，需要综合考虑学习领域课程的难度和支撑平台课程的学习规律，使它们有机地结合起来，制订课程体系结构图，如图 7-4 所示。

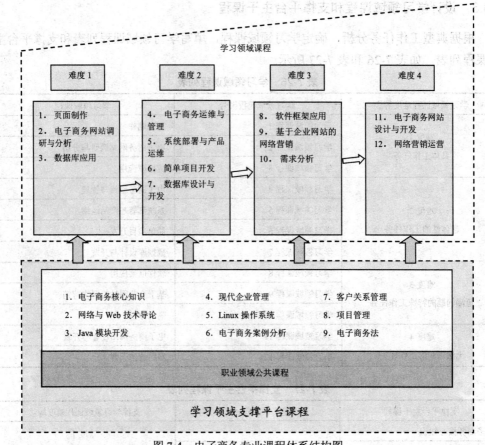

图 7-4　电子商务专业课程体系结构图

7.3.5　制订专业教学计划

根据课程体系结构和教学计划制订要求,制订教学计划。专业教学计划内容如表 7-28 所示。

表 7-28　专业教学计划表（对应表 6-7）

年级	学期	课程类型		课 程 名 称	考核方式		学分	学　　时				周学时（课内）
					考试	考查		总计	讲课	实验	其他	
一年级	第一学期	支撑平台课程	职业领域公共课程	数学	*		4	68	68			4
				公共英语	*		4	68	68			4
				体育		*	2	34	34			2
				思想道德修养与法律基础		*	2	34	34			2
				心理健康教育		*	2	34	34			2
				小计			14	238	238			14

年级	学期	课程类型		课程名称	考核方式		学分	学　时				周学时
					考试	考查		总计	讲课	实验	其他	(课内)
一年级	第一学期	技术技能平台课程		电子商务核心知识		*	4	68	48	20		4
				网络与Web技术导论	*		4	68	44	24		4
				Java模块开发	*		4	68	38	30		4
				小计			12	204	130	74		12
		学习领域课程										
				小计								
				第一学年第一学期小计			26	442	368	74		26
	第二学期	支撑平台课程	职业领域公共课程	科学思维训练	*		4	68	68			4
				公共英语	*		4	68	68			4
				体育		*	2	34	34			2
				思想道德修养与法律基础		*	2	34	34			2
				职业沟通		*	2	34	34			2
				小计			14	238	238			14
			技术技能平台课程	现代企业管理		*	2	34	34			2
				小计			2	34	34			2
		学习领域课程		页面制作	*		4	68	34	34		4
				电子商务网站调研与分析	*		4	68	34	34		4
				数据库应用	*		4	68	34	34		4
				小计			12	204	102	102		12
				第一学年第二学期小计			28	476	374	102		28
二年级	第一学期	支撑平台课程	职业领域公共课程	公共英语	*		2	36	36			2
				毛泽东思想、邓小平理论和三个代表重要思想	*		2	36	36			2
				小计			4	72	72			4
			技术技能平台课程	Linux操作系统		*	4	72	36	36		4
				电子商务案例分析		*	2	36	36			2
				客户关系管理		*	2	36	26	10		2
				小计			8	144	144	46		8

171

年级	学期	课程类型		课程名称	考核方式		学分	学时				周学时（课内）
					考试	考查		总计	讲课	实验	其他	
二年级	第二学期	学习领域课程		数据库设计与开发	*		4	72	36	36		4
				电子商务运维与管理	*		4	72	36	36		4
				系统部署与产品运维	*		2	36	18	18		2
				简单项目开发	*		4	72	36	36		4
				小计			14	252	126	126		14
		第二学年第一学期小计					26	468	296	172		26
		支撑平台课程	职业领域公共课程	公共英语	*		2	36	36			2
				毛泽东思想、邓小平理论和三个代表重要思想	*		2	36	36			2
				职业生涯准备		*	2	36	36			2
				小计			6	108	108			6
			技术技能平台课程	项目管理			2	36	36			2
				电子商务法			2	36	36			2
				小计			4	72	72			4
		学习领域课程		软件框架应用	*		6	108	38	70		6
				基于企业网站的网络营销	*		6	108	54	54		6
				需求分析	*		4	72	48	24		4
				小计			16	288	140	148		16
		第二学年第二学期小计					26	468	320	148		26
三年级	第一学期	支撑平台课程	职业领域公共课程	小计								
			技术技能平台课程	小计								
		学习领域课程		电子商务网站设计与开发（任选）	*		12	12周		12周		12周
				网络营销运营（任选）	*		12	12周		12周		12周
				企业实习			6	6周		6周		6周
				小计			18	18周		18周		18周
		第三学年第一学期小计					18	18周		18周		18周

年级	学期	课程类型	课 程 名 称	考核方式		学分	学 时				周学时
				考试	考查		总计	讲课	实验	其他	(课内)
	第二学期	学习领域课程	毕业实习（实践）			10	12 周		12 周		12 周
			第三学年第二学期小计			10	12 周		12 周		12 周
理论教学环节总计											
集中实践教学环节总计											

总学分：134

职业领域公共课程学分：38　　　　　占总学分比例：28%

技术技能平台（链路）课程学分：42　　　　　占总学分比例：32%

学习领域课程学分：54　　　　　占总学分比例：40%

7.3.6　开发"数据库设计与开发"学习领域课程教学大纲

1．分析学习领域

分析学习领域的内容如表 7-29 所示。

表 7-29　学习领域分析表（对应表 6-9）

学习领域编号：7	学习领域名称：数据库设计与开发

学习领域对应典型工作任务中的项目类型：按工作情境（商务）实施

学习领域对应典型工作任务中的项目实际工作步骤（基于八步法）

1．项目调查：通过企业调查，进行可项目行性分析，确定项目目标。

2．组织分工：成立项目开发组，进行任务分解，明确分工内容，界面与分工。

3．方案决策：通过用户需求规格说明书，进行项目的数据库设计，形成系统逻辑，选定总体方案。

4．计划制订：按项目流程制订项目计划，包括数据库设计阶段的计划、数据库开发阶段的计划、系统测试阶段计划，在计划中制订项目进度表并明确人员分工。

5．项目实施：包括两方面的内容——设计阶段的实施和开发阶段的实施。

6．结果测试：单元测试和系统集成，系统试运行。

7．项目交接：项目提交，用户培训，技术资料提交，文档提交。

8．项目评价：包括使用者评价及自我评价，根据设计及实施的内容编写评价表。

通过学习领域分析确定子学习领域（学习情境）

子学习领域编号　　　　　子学习领域名称

广告资源统计子系统设计与开发

固定广告子系统设计与开发

关键字广告子系统设计与开发

2．制作学习领域课程教学大纲

制作学习领域课程教学大纲的内容如表 7-30 所示。

表 7-30　学习领域课程教学大纲表（对应表 6-17）

学习领域课程编号：7	学习领域课程名称：数据库设计与开发	
	名　称	学　时
讲授单元	1．数据库基础知识	6
	2．数据库三范式理论	4
行动单元	子学习领域课程编号：1　　子学习领域课程名称：广告资源统计子系统的设计与开发 项目教学性质：部分设计与开发 工作程序：根据提供的数据库设计说明书，进行数据库详细设计并进行代码编写与测试 教学程序：以小组为单位，完成广告资源统计子系统的表和其他数据库对象的创建、开发环境的配置、数据库详细设计说明书的编写，测试用例的编制 职业竞争力培养要点：设计能力、综合能力、文档撰写能力 教学环境：数据库实训室、小型会议室 教（学）件：数据库设计说明书、数据库详细设计说明书 考核方式：按照工作过程进行考核 学时：20 子学习领域课程编号：2　　子学习领域课程名称：固定广告子系统的设计与开发 项目教学性质：完全设计与开发 工作程序：根据提供的需求规格说明书进行数据库设计和开发并进行测试 教学程序：企业专家及教师指导，用课外学时 职业竞争力培养要点：设计能力、综合能力、文档撰写能力 教学环境：数据库实训室、小型会议室 教（学）件：需求规格说明书、数据库设计说明书、数据库详细设计说明书 考核方式：按照工作过程进行考核 学时：30 子学习领域课程编号：3　　子学习领域课程名称：关键字广告子系统的设计与开发 项目教学性质：完全设计与开发 工作程序：根据提供的需求规格说明书进行数据库设计和开发并进行测试 教学程序：企业专家及教师指导，用课外学时 职业竞争力培养要点：设计能力、综合能力、文档撰写能力 教学环境：数据库实训室、小型会议室 教（学）件：需求规格说明书、数据库设计说明书、数据库详细设计说明书 考核方式：按照工作过程进行考核 学时：22		

第四部分

非计算机专业计算机基础课程参考方案

计算机教育是高职非计算机专业重要的基础课程。进入 21 世纪，高等职业教育非计算机专业计算机教育面临挑战。随着计算机技术的飞速发展，各行业的工作越来越依赖于计算机，要求高职学生在以后的工作中将计算机与本专业更紧密地结合，让计算机技术更有效地为本专业服务。

第 3 章提出了非计算机专业计算机教育的指导思想和课程体系。本部分将根据第 3 章的体系及思想设计"计算机应用基础"等课程的方案。第 8 章是"计算机应用基础"课程的参考方案，第 9 章是除了"计算机应用基础"课程以外的其他五门计算机基础课程的参考方案。

第 8 章 "计算机应用基础"课程参考方案[①]

"计算机应用基础"是高等职业教育中非计算机专业学生必修的基础课程。本章提出了基于培养学生职业通用能力和信息素养的"计算机应用基础"课程参考方案。

8.1 指导思想

"计算机应用基础"是非计算机专业学生必修的一门计算机公共基础课程。本课程着力于培养学生作为信息社会从业者所必须具备的通用能力之一，其重点是方法能力的培养。通过课程的学习，使学生能够具有信息处理、数字应用、自我学习等能力；初步了解信息社会的道德准则和信息安全的概念，具备初步的信息素养；初步具备计算机的应用能力，为后续专业课程的学习奠定必要的基础。

8.2 课程目标设计

8.2.1 课程目标

本课程的目标是使学生具备熟练应用计算机处理日常工作和生活中相关问题的能力。通过本课程的学习，使学生了解计算机的基本概念和相关理论，培养学生的计算机基本操作能力；使学生具备信息表达能力，能够熟练地使用办公软件，以文档、电子表、讲义等形式表达数据与信息；具备一定的交流能力，能够利用网络完成与他人交流的工作；具备信息检索能力，能够完成查找、加工、整理信息的工作；能够操作计算机，并能够处理简单的问题。

8.2.2 基本能力与任务

1. 能力目标

通过本课程的学习与训练，学生应该具备各种应用信息、处理信息能力，主要如下：

① 信息表达能力：利用计算机以文档、演示文稿等多种形式表达信息的能力。

② 信息处理能力：利用计算机建立、处理报表，并进行统计分析的能力。

---

① 参与"计算机应用基础"课程参考方案设计的有：北华航天工业学院崔岩、李彤、陈少清；北大方正软件技术学院叶曲炜、姚菲。

③ 信息交流能力：利用网络和 Internet，进行信息沟通与交流的能力。

④ 信息检索及获取能力：利用网络和 Internet 资源，使用信息检索工具查阅各种科技文献资料并加工、整理，获取所需要的专业及其他信息的能力。

⑤ 信息安全能力：掌握系统和网络安全的基本概念，能够处理简单的信息安全问题，了解计算机使用的修养，具有良好的道德意识和道德涵养。

2．课程的任务

通过本课程的学习，使学生掌握计算机的基本概念，具备计算机伦理道德与信息安全的概念；掌握操作系统的概念和某种选定操作系统的基本操作；能够完成文字的编辑排版，能够完成日常数据的处理，能够完成幻灯片制作、浏览搜索处理信息的工作；能够完成申请电子邮箱、收发电子邮件等工作；能够使用压缩软件、多媒体工具软件等处理日常事务的工作。

8.3　课程内容

第1单元：计算机基础知识

知识点：计算机组成的基本结构、计算机中数据表示与信息编码、操作系统的基本功能、微型计算机的操作系统、信息安全、计算机相关的法律与道德、计算机安全。

技能点：通过本单元的学习使学生能够了解计算机的基本结构，理解计算机数据表示与信息编码，具备防范计算机病毒的意识和能力。

1-1　计算机系统基本组成

主要内容：计算机硬件与软件系统的组成、主要部件及其作用；常用的存储设备、输入/输出设备。

基本要求：了解计算机硬件与软件系统的组成和作用；了解计算机主要部件及其作用，并能正确连接使用输入/输出设备。

1-2　计算机伦理与信息安全

主要内容：信息安全的基本知识；计算机病毒的基本知识和防治方法；计算机使用修养。

基本要求：了解信息安全的基本知识，具有信息安全意识；了解计算机病毒的基本知识和防治方法，具有计算机病毒的防范意识；熟练使用计算机防毒杀毒软件、防火墙的使用、U 盘保护及账号密码保护法；提高使用计算机的修养，具有好的道德意识和道德涵养。

第 2 单元：计算机操作系统

知识点：操作系统的功能、特点。

技能点：能够使用所选择的计算机操作系统，能够安装、卸载常用的应用程序，能够进行简单的系统设置。

2-1 任务 1：使用操作系统

主要内容：所选定操作系统的工作环境及功能，磁盘和文件管理。

基本要求：熟练掌握所选择的操作系统的基本操作，利用"资源管理器"、"我的电脑"、"控制面板"进行系统设置和管理；会使用系统的帮助功能。

2-2 任务 2：操作系统工具软件的使用

主要内容：共享文件夹和共享打印机的使用；系统维护工具的使用。

基本要求：熟练使用操作系统所提供的常用工具；能够使用系统维护工具进行系统的一般维护；掌握设置共享文件夹和共享打印机。

2-3 任务 3：计算机软件系统的安装

主要内容：安装操作系统；常用软件的安装；安装防病毒软件。

基本要求：掌握所选操作系统的安装方法；能够熟练掌握计算机软件安装、卸载的方法；能够安装打印机等外设驱动程序。

第 3 单元：文字处理软件的使用

知识点：字处理软件的基本功能；文字处理的概念、内容；文件的格式及保存。

技能点：能够对文字进行编辑、排版、图文混排；会制作表格，使用公式编辑器编辑公式。

3-1 任务 4：文档基本编辑

主要内容：建立、编辑、保存文档，查找和替换文本；设置字符和段落的格式。

基本要求：掌握创建、打开、保存及关闭文档；掌握文字的插入、改写、删除、移动、复制、查找和替换等操作。掌握字符格式设置包括字体、字形、字号、颜色、底纹、着重号、删除线、字间距等；掌握段落格式设置包括对齐方式、缩进方式、行段间距等。

3-2 任务 5：高级排版

主要内容：边框和底纹，项目符号和段落编号，页面格式，页眉/页脚，分隔符，脚注和尾注，应用样式和模板等。

基本要求：掌握段落的边框和底纹的设置方法；掌握项目符号和段落编号的设置方法；掌握页面设置的方法，包括纸型、页边距、页眉和页脚的设置；掌握分隔符、分页符的使用，掌握分栏和首字下沉的基本操作，会设置脚注、尾注和应用样式和模板等。

3-3 任务 6：表格编辑

主要内容：表格的建立及内容输入，表格编辑、格式化，单元格的计算，表格与文本转换。

基本要求：掌握创建、编辑表格的方法，包括插入/删除行、列、单元格，设置行高和列宽，合并及拆分单元格；表格中文本编辑，包括文本格式、文本对齐方式等；掌握设置表格的边框和底纹；表格与文本间的转换等。

3-4 任务 7：图文混排

主要内容：插入、编辑图片；图文混排；绘制图形；艺术字、文本框、公式编辑器的使用。

基本要求：掌握插入、编辑图片的基本操作，包括插入剪贴画、图片文件；掌握插入、编辑艺术字；掌握绘制图形的基本方法，包括图形绘制、移动与缩放，设置图形的颜色、填充和版式；掌握插入文本框及其编辑操作；掌握多个对象的对齐、组合与层次操作；了解对象嵌入与链接操作。

3-5 文字排版综合应用

知识点：版面布局的一般知识。

技能点：根据文档内容的特点，按照主题突出、版面美观的要求，综合设计文档的排版布局。

工作描述：准备包含文字、图片等多种类型的素材，设计版面格式，要求至少包含除基本编辑操作之外的五种排版技术，完成排版。

基本要求：了解排版素材的内容，根据素材的特点，构思版面布局；选择适合的排版技术，既要能充分表达主题，又不应过分追求版面的花哨。

第 4 单元：电子表格的使用

知识点：电子表的基本功能，利用电子表格能够进行数据处理。

技能点：能够使用数据填充、数据格式设置、数据的计算，能够利用数据制作编辑图表。

4-1 任务 8：工作簿、工作表、单元格的基本操作

主要内容：工作簿、工作表、单元格的基本概念和操作；工作表和单元格的基本操作。

基本要求：掌握工作簿、工作表、单元格的基本概念；掌握工作表的插入、复制、删除、移动、重命名、插入和删除行/列的操作；掌握单元格的插入、删除、合并、拆分等操作。

4-2 任务 9：数据的输入、编辑与格式设置

主要内容：数据的输入与填充、编辑与修改；公式和函数的使用；数据格式的设置。

基本要求：掌握各种类型数据的输入、数据的填充、数据的复制删除和移动操作；能够利用公式进行简单的统计计算，掌握常用函数的使用、单元格格式的设置、行高/列宽的设置、使用"条件格式"进行数据格式的设置，了解自动套用格式的使用和工作表的背景设置。

4-3 任务 10：数据管理

主要内容：数据记录单的使用；数据的排序、筛选、分类汇总、数据透视表操作。

基本要求：了解数据记录单的使用；掌握数据的排序方法；能够使用自动筛选功能检索数据，了解数据的高级筛选；掌握数据的分类汇总；了解数据透视表的制作方法。

4-4 任务 11：图表的制作和编辑

主要内容：利用表中的数据进行图表的制作和编辑。

基本要求：能够制作、编辑、修改图表。

4-5 任务 12：工作表的打印输出

主要内容：打印工作表。

基本要求：学会对工作表的打印设置、打印预览和打印输出。

4-6 数据统计分析综合应用

知识点：使用电子表进行数据的表达、分析。

技能点：熟练进行数据的计算、管理与分析，并设计出美观实用的电子表格。

工作描述：结合各自的专业需求，选择或收集相关的数据，定义出数据展示和分析的要求，并根据上述数据应用要求，使用电子表软件进行数据处理。

基本要求：设计数据表的格式，输入数据，且将表中各种类型（如数值、日期、文本型等）有规律的数据使用填充序列的方式进行填充；按照要求对数据进行统计计算；设计并完成数据展示、图表展示；对工作表中的数据进行排序、筛选、分类汇总；试用数据透视表分析数据，并能够根据统计数据和数据透视表撰写出数据的分析报告。

第 5 单元：制作演示文稿

知识点：演示文稿的基本功能，演示文稿的应用方式。

技能点：掌握演示文稿的创建与保存，掌握幻灯片的制作，包括编辑、幻灯片版式、背景设置、模板选择、插入对象、设置对象的超链接等；掌握幻灯片的播放设置，包括自定义动画的设置、幻灯片的切换、幻灯片排练计时的设置等；掌握演示文稿的打包及打包演示文稿的播放。

5-1 演示文稿的创建和编辑

主要内容：学习创建演示文稿的基本操作。

基本要求：熟悉创建演示文稿的基本方法，掌握幻灯片的基本操作和版式的选择，能够在幻灯片中插入各种对象。

5-2 任务 13：演示文稿的格式化

主要内容：学习幻灯片与演示文稿的格式设计和设置。

基本要求：能够设置幻灯片背景，插入音乐视频等，学会设计模板、幻灯片母版的使用。

5-3 任务 14：演示文稿的放映设置

主要内容：学习演示文稿放映时幻灯片的切换、自定义动画、超链接及排练计时的设置。

基本要求：能够设置幻灯片的切换效果，完成不同对象的自定义动画及超链接的设置，了解幻灯片排练计时的作用与运用。

5-4 任务 15：演示文稿的打印及打包

主要内容：学习页面设置、打印设置以及演示文稿的打包操作。

基本要求：能够设置演示文稿的页面，学会演示文稿打印参数的设置和打包。

5-5 自选主题，设计一个 10 分钟演讲的讲稿

知识点：按照预定的时间选主题，自学演讲的特点、演讲稿的设计技巧。

技能点：能够利用各种方式查找与主题相关的素材，并有效选用、组织素材，生动、美观的表达主题。

工作描述：选择或设计一个能够在 10 分钟的时间内完整表达的主题。学习演讲的一般要求与特点。按照演讲的要求和选定的主题设计提纲，查找资料与素材，设计演示文稿。

基本要求：按照时间限制和主题设计幻灯片，幻灯片的数量不仅与主题相关，也与表达者的陈述形式和能力有关，不作严格规定。至少使用五种技术设计、编辑、修饰幻灯片，设置播放效果和顺序。在课堂上演讲 10 分钟。

第 6 单元：信息检索和信息交流

知识点：Internet 的基本概念，Internet 提供的基本服务；家庭（办公室）网络搭建方法；域名与地址的概念。

技能点：能够熟练地使用搜索引擎，能够从网上查找、筛选相关的资料；能够熟练进行信息的交流，提高使用计算机进行通信和交流的能力。

6-1 任务 16：Internet 应用基础

主要内容：Internet 的基本概念；Internet 提供的基本服务；家庭（办公室）网络搭建方法；浏览器的使用及设置。

基本要求：了解 Internet 的基本概念和服务，如：E-mail、WWW、FTP 等；了解家庭（办公室）网络的搭建方法。

6-2 任务 17：网上信息搜索和文件下载

主要内容：常用的搜索引擎；常用的浏览器软件；使用浏览器浏览和下载相关信息。

基本要求：熟练使用常用的搜索引擎；熟练使用搜索引擎来搜索网页、新闻、音频、图片、地图、贴吧等信息；熟练使用浏览器浏览和下载相关信息；熟练使用不同的下载软件下载信息。

6-3 任务 18：电子邮箱及即时通信工具的使用

主要内容：电子邮箱的申请和使用；即时通信工具的申请和使用。

基本要求：掌握申请免费电子邮箱的方法；能够收发和管理电子邮件；掌握申请聊天工具账号的方法；能够查找、下载、安装即时通信工具，并使用即时通信工具进行交流。

6-4 任务 19：常用网络空间和网络平台的使用

主要内容：远程桌面的概念及其设置方法；申请和使用网站提供的网络空间。

基本要求：了解远程桌面的概念及其设置方法；会申请和使用网站提供的网络空间，如 BBS、blog 的使用。

第 7 单元：常用工具软件

知识点：图像、声音、视频文件的各种类型；压缩解压缩的概念；常用工具软件的使用。

技能点：能够了解图像、声音、视频文件的各种类型以及压缩和解压缩的概念，能够熟练常用工具软件的使用。

7-1 任务 20：常用工具软件的种类和使用方法

主要内容：常用的文件压缩和解压缩软件；常用工具软件的使用。

基本要求：了解常用图像文件的类型并会选择浏览方式；熟练掌握一种播放器软件的使用以及压缩软件的使用。

7-2 任务 21：查杀病毒

主要内容：了解并使用一种或多种查杀病毒软件。

基本要求：了解查杀病毒软件的一般功能；安装查杀病毒软件；更新查杀病毒软件；使用查杀病毒软件检查、处理病毒。

第 8 单元：设计一个旅游计划

知识点：熟练使用 Internet 进行信息检索查询；熟练使用办公软件，进行统计、编辑、排版撰写一份具有图文和表格的旅游方案报告。

技能点：培养信息检索、查询和处理能力，培养数字应用、与人交流、自我学习、解决问题的能力。

工作描述：通过 Internet 进行信息检索查询，使用办公软件完成一份最佳性价比的旅游方案报告。

基本要求：设计一个旅游计划，暑假 10 天 4 000 元人民币从北京到云南旅游，游览云南省内昆明、丽江、大理、西双版纳四地的主要景点，住 2 星级以上的饭店。

① 通过 Internet 找出云南省内昆明、丽江、大理、西双版纳四地的主要景点，2 星级以上的饭店。从各航空公司找出最低价格的机票并预定。

② 设计在云南四个地方之间是全部乘飞机，还是飞机、火车、汽车并用。

③ 找出符合住宿标准最低价格的饭店，并预定饭店，预定车票。

④ 设计合理的旅游线路，不走冤枉路，不花冤枉钱。

⑤ 最后用办公软件撰写一份最佳性价比的旅游方案报告，要求图文并茂，并有相关的统计数据表格和图表等。

第 9 单元：设计大学生消费情况调查

知识点：设计调查问卷的一般方法，使用 Internet 及其他方式进行信息的发布、回收；使用办公软件进行统计、编辑、排版，撰写一份内容充实、图文并茂、具有表格的大学生消费状况调查报告。

技能点：设计能够反映需求的调查问卷的能力，培养信息的发布和处理能力，培养数字应用、与人交流、自我学习、解决问题的能力。

工作描述：通过 Internet 查找资料，学习设计调查问卷的一般方法和技术；设计一份大学生消费情况调查表，该项调查用于分析学生的主要经济来源、数额、消费支出类别、金额、消费观念等；进行调查信息的发布、回收，使用办公软件，撰写一份大学生消费状况调查报告。

基本要求：通过大学生消费状况的问卷调查表的反馈信息，撰写一份大学生消费状况调查报告。

① 学习调查问卷的设计方法，并设计一份大学生消费状况问卷调查表，要求能反映出调查的要求。

② 申请接收调查表的邮箱，利用网络资源发布调查信息，请相关同学通过网络进行表格的下载、填写并通过电子邮件将调查表发回给接收邮箱。

③ 手工发放、回收调查问卷。

④ 使用电子表软件对调查表反馈的数据信息进行整理，并进一步分析数据，给出统计图表。

⑤ 使用演示文稿设计软件制作一份大学生消费状况调查报告的演示文稿，要求使用相关的统计数据表格和图表等。

第 10 单元：信息筛选与使用

知识点：搜集信息的能力；搜集信息的习惯；处理信息，表达研究成果；信息技术意识；信息技术知识；信息技术能力和信息技术品质。

技能点：培养学生在学习中如何获取所要用到的信息的能力；培养学生对所搜集的信息能够自主整理，取舍信息，筛选最有价值信息的能力；在解决实际问题的过程中培养主动搜集信息的能力，改变学习方式；利用信息，培养公民意识，促进学生科学素质的发展；利用信息，指导学生的日常生活，促进学生全面的发展；理解计算机伦理的知识；提高对计算机犯罪的认识；具有良好的道德意识和道德涵养。

工作描述：网络给人们的工作、学习和生活带来了很大的便利，但青少年网络成瘾（特别是网络游戏成瘾）和网络安全（计算机犯罪）等也给社会带来了很大的社会问题。搜集计算机网络成瘾和计算机犯罪的危害，提高公民利用网络的素质。

基本要求：以"网络是把双刃剑"为题，进行搜集和整理信息，以提高公民使用信息技术的能力。

① 搜集如何培养公民高尚的道德责任感的资料。

② 搜集如何培养公民自觉的使用信息技术，并对信息技术有着浓厚的兴趣。

③ 设计一份"青少年上网状况"问卷调查表，有条件的话也可以利用网站提交调查问卷，分析青少年上网成瘾的主客观原因。

④ 综合网站上的调查数据和纸版的调查数据制作成电子表的图表，对青少年上网情况进行一下统计分析，按年龄、按性别、按地区统计等。

⑤ 组织学生讨论信息技术产品对消费者和社会的责任问题。有的公司为了追求高额利润，有的公司不顾青少年的身心健康，都应当受到道德谴责和法律制约。

⑥ 组织学生讨论计算机伦理的隐私问题，如对于"人肉搜索"问题的讨论，讨论谁有权利、在什么条件下、用什么方式，可以收集和获取哪些个人信息等多方面的问题。

8.4 教学实施建议

1. 学时建议

总学时 64。授课 26 学时，实验 38 学时。

2. 教学方法建议

① 建议在机房授课，边讲边练，精讲多练，教要点和方法，更多内容让学生上机实践。

② "任务驱动案例教学法"：选取与实际生活相关的案例进行教学，并激发学习兴趣。

③ 针对不同专业，设计不同案例。

④ 可开展课外实践活动，例如组织制作海报设计大赛、演示文稿的设计大赛等，这既锻炼了学生综合运用知识的能力，又培养了学生的团队协作精神。

⑤ 在信息检索和信息交流部分的教学：可指定不同类型的主题，让学生通过 Internet 获取资料并整理成报告；可申请免费 QQ 号，使用 QQ 进行即时通信和交流。

8.5 考核方式

1. 成绩评定方法

期末总评成绩=平时成绩（40%）+期末考试成绩（60%）。平时成绩=出勤和表现（10%）+平时作业和综合大作业（30%）。 平时作业：根据每个单元任务设计一个实验模块。

期末考试可采取机考。包括理论（单选或多选形式）和上机操作部分，分值比 2:8。

2. 考核建议

除期末考试外，可以有选择的参加国家教育部、劳动人事部门或地方教育机构、劳动人事部门举办的计算机等级考试或其他考试，并获取相应级别的等级证书，也可以用这些成绩来代替期末考试成绩。

第 9 章　其他非计算机专业的
计算机课程参考方案

本章是除"计算机应用基础"课程以外的部分计算机课程的参考方案，包括程序设计基础——C 程序设计、数据处理与应用（基于 MS Excel）、网页设计与制作、多媒体技术应用、计算机组装与维护课程的参考方案。

9.1　"程序设计基础——C 程序设计"课程方案[①]

9.1.1　指导思想

本课程是理工类非计算机专业（如电子、信息、自动化、机械制造等）的一门基础课程。本课程旨在培养学生对程序设计的基本语法、设计思路和代码工具的掌握。通过本课程的学习，使学生了解运用一种高级语言进行问题求解的基本思路和方法，具备按照给定的算法设计、测试简单 C 语言程序的能力。

9.1.2　课程目标设计

1. 课程目标

本课程的目标是培养学生初步建立程序设计的思想，具备使用 C 语言进行简单程序设计的能力。通过本课程的学习，使学生掌握 C 语言的基本语法知识，主要包括数据类型、变量定义和使用、表达式和赋值、C 程序的结构等，以及程序设计中的流程控制和模块化方法的基础知识，主要包括顺序结构、选择结构、循环结构、函数编写、数组和字符串处理等。通过本课程的学习，使学生掌握程序设计的基本能力，并能够进行简单的程序测试。在教学中，应该培养学生进一步学习、解决实际问题的能力。

2. 基本能力与任务

（1）能力目标

通过本课程的学习与训练，学生具备以下能力：

---

① 参与"程序设计基础——C 程序设计"课程方案设计的有：吉林工业职业技术学院郝玉秀、刘春艳；邢台职业技术学院孙永道。

① 能够初步建立程序设计的概念；了解使用高级语言解决应用问题的基本思路和方法。

② 能够读懂用流程图或伪代码描述的算法，具备一定地阅读、理解程序的能力。

③ 能够在某一种集成开发环境中熟练地创建、编辑、保存、运行程序，并能够进行简单的代码调试和测试。

④ 在程序设计中，能够根据需要，正确使用 C 语言所提供的各种控制结构、语言元素等表达算法，编写程序。

⑤ 能够在算法实现中使用数组、字符串和结构体。

⑥ 具备一定的逻辑思维和创新性思维的能力，能够将程序设计的思路或知识用于提高工作效率或改进工作方法上。

（2）课程的任务

为了达到课程的目标，本课程的任务主要有：学习使用集成开发环境编写、运行、调试、测试 C 程序；学习 C 语言基本语法知识和程序设计的概念；掌握程序设计的基本方法和思路；通过综合任务使学生初步掌握用程序设计解决工作问题的方法；为学生进一步的程序设计学习奠定基础。

9.1.3 课程内容

第 1 单元：程序设计与 C 语言的基础认识

知识点：程序设计的概念，C 语言的特点，程序设计的基本思路和问题求解的方法。

技能点：能够在选定的集成开发环境中创建、编辑、运行简单的 C 程序，初步建立 C 程序设计的整体概念。

1-1 程序设计基础知识

主要内容：学习程序设计的基本概念，在计算机中运行程序的步骤。

基本要求：能够掌握创建、编辑、运行程序的基本过程，理解程序设计的基本步骤。

1-2 任务 1：编写最简单的 C 语言程序

主要内容：学习编写简单的 Hello world 程序，并运行程序。

基本要求：熟悉 C 语言程序的基本构成，能够在选定的集成开发环境中编写 C 语言程序代码，并能运行 C 语言程序。

第 2 单元：C 语言的基本数据类型与数据的输入/输出

知识点：C 语言中的基本数据类型；在工程项目中，程序变量命名的一般要求与特点，程序设计的风格。

技能点：能够比较规范的使用变量，能够按照需要使用不同类型的数据，能够根据使用要求控制数据的输入、输出格式。

2-1 C 语言的基本数据类型

主要内容：常用数据类型，包括整型、实型及字符等类型的数据，各种数据类型的取值范围。

基本要求：能够根据所处理数据的要求，选择正确的数据类型，并理解字符类型和整型之间的关系。

2-2 任务 2：接收从键盘输入的数据，并按照指定格式输出。

主要内容：用 scanf 从键盘接输入数据，用 printf 按照指定的格式输出数据。

基本要求：能够熟练使用 scanf 输入数据，能够使用 printf 控制输出的格式。数据输入、输出格式、布局应该美观，有明确的提示及说明信息。

第 3 单元：C 语言中的表达式与语句

知识点：表达式、语句、赋值等概念，常见用运算符及其优先级关系。

技能点：能够编写正确的表达式或 C 语句，能将常见数学公式转换为符合 C 语言语法规定的表达式形式，并能通过程序计算表达式的值。

3-1 表达式与语句

主要内容：学习 C 语言表达式及语句的构成。

基本要求：能够正确地理解表达式和语句，并能编写正确的表达式和语句，并能将常见数学公式用表达式的形式写出来。

3-2 任务 3：求解简单的数学问题

主要内容：利用数学知识和 C 语言表达式的知识，计算一般数学表达式的值。

基本要求：分析 C 语言表达式与一般数学公式表达式的异同，能够正确的用 C 语言的表达式表示数学公式，并计算表达式的值。表达式中变量的值可以用赋值的方式，也可以在程序运行时从键盘输入。注意合理的设计输入、输出数据的格式。

第 4 单元：结构化程序的三种基本结构

知识点：结构化程序的三种基本结构，包括顺序结构、选择结构（if 语句和 switch 语句）和循环结构（for、do 和 while 语句），用流程图或程序代码表达这三种基本结构。

技能点：能够理解用流程图或伪代码表示的算法，能够用三种基本结构描述的算法，能够设计简单的问题求解流程，并能写出相应的流程控制语句。通过学习使用程序流程控制语句，使学生能够初步建立抽象的思想方法。

4-1 程序设计中流程控制的基本方法

主要内容：顺序结构、选择结构和循环结构的基本语法和流程图表达方式。

基本要求：能够根据程序的需要，利用流程控制语句实现对程序流程的正确控制。能够看懂用流程图描述的算法。

4-2 任务 4：设计顺序结构的程序

主要内容：顺序结构程序的设计方法。

基本要求：能够准确阅读理解程序的功能，根据问题进行算法设计，编写简单的顺序结构程序。

4-3 任务 5：设计选择结构的程序

主要内容：条件语句 if...else 和 switch 的格式和功能，具有选择操作的流程控制及表达方法。学生成绩的评定程序，该程序应能够完成从键盘输入 0～100 之间的学生成绩，并根据分数段划分原则，输出该学生的成绩等级。

基本要求：掌握条件语句的用法，能够准确阅读理解选择结构程序的执行过程和功能，根据问题进行分析设计算法，能够编写选择结构程序，提高解决实际问题的能力。

4-4 任务 6：设计循环结构的程序

主要内容：学习 while、do...while、for 循环语句，掌握循环结构程序设计方法。通过"求 1～1000 之间的水仙花数"的案例，学习循环程序的表达及处理方式，并对非数值的穷举算法有初步的了解。

基本要求：掌握三种循环语句的功能及区别，能够准确地阅读、理解循环结构程序的执行过程和功能，能够编写循环结构程序，提高分析和解决实际问题的能力。

第 5 单元：用数组处理程序中的批量数据

知识点：数组的概念、定义、使用方法等，多维数组的定义和访问等。

技能点：能够使用数组与流程控制语句处理比较复杂的问题。通过使用数组，初步了解在程序中对数据的表达和处理方式。

5-1 数组的基础知识

主要内容：数组的概念，数组变量的定义，数组的访问，以及数组的初始化等。

基本要求：熟练使用一维数组的定义和访问；能够理解二维数组概念，使用二维数组。

5-2 任务 7：求全班学生成绩的最大、最小和平均值

主要内容：从键盘输入全班学生某课程的成绩，并保存在数组中，结合循环等方式，计算成绩的最大、最小和平均值。

基本要求：能正确地创建学生成绩数组、正确地输入成绩、正确地使用循环进行成绩的统计计算。能够将这种数组存储数据的方式进行推广，提出类似问题的解决办法。

5-3 任务 8：利用数组实现数据排序

主要内容：选择排序法或冒泡排序法。

基本要求：掌握一种排序方法实现数据排序。

第 6 单元：程序设计模块化设计——函数

知识点：程序模块化的概念，分而治之的基本思路在程序设计中的应用，函数中的函数名、函数参数列表、函数体和返回值的意义和格式。

技能点：能够使用已有的函数构造程序；能够根据待求解问题的规模，设计、调用函数。通过使用函数，初步建立模块化的思想。

6-1 C 语言中函数基本概念和编写

主要内容：函数在程序中的作用，函数的基本结构、调用方法、参数的传递等。

基本要求：熟练掌握函数的基本结构、函数的调用方法和函数参数的传递机制，并能正确地将不同功能分解到不同的函数中。

6-2 任务 9：编写一个简单计算器的程序，实现加、减、乘、除及求余数的功能。

主要内容：会编写简单的函数，进行函数调用，实现一个简单计算器加、减、乘、除及求余数的功能。

基本要求：能够编写正确的函数，会给函数传递适当的参数。同时，理解函数编写的基本思路和方法，并且掌握将复杂程序分割成多个功能模块的思路。

6-3 任务 10：函数的嵌套调用

主要内容：学习函数嵌套调用的形式和执行过程。

基本要求：了解函数嵌套调用的形式，调用过程，学会用函数嵌套编写复杂程序。

第 7 单元：C 语言中的字符串

知识点：掌握字符串的定义方式，字符串与字符的区别，字符串与数组的关系。

技能点：能够利用库函数，对字符串进行合并、查找、复制和单词统计等常见的操作。

7-1 C 语言中字符串处理的基础知识

主要内容：字符串变量的定义，字符串变量的初始化，字符串中字符的访问，字符串与字符的区别等。

基本要求：熟悉字符串与字符的不同，能正确定义字符数组并进行初始化。能依照数组方式，访问字符串中的元素。

7-2 任务 11：统计一段英语中的单词个数

主要内容：在程序中定义字符数组，并用一段英文初始化。利用程序统计该段英语中的单词个数。

基本要求：能够正确地定义并初始化字符串变量。能用正确的处理方式统计出英文段落中的单词个数。

第 8 单元：C 语言中的复合数据结构类型——结构体

知识点：结构体的定义、初始化和赋值等，结构体数组的使用，结构体与基本数据类型的关系和区别。

技能点：能够用结构体创建复合数据类型，实现复合数据类型的操作。

8-1 结构体

主要内容：结构体类型的定义，结构体变量的定义，结构体变量的访问，结构体数组的使用。

基本要求：能够正确地定义结构体以及结构体变量，并能在程序中访问结构体变量。能用数组的方式存放批量结构体对象。

8-2 任务 12：计算学生总成绩和全班平均成绩

主要内容：定义用于表示学生信息的结构体，从键盘输入 10 个学生的 3 门课的成绩，存入结构体数组中，并计算每个学生的总成绩以及全班的总平均成绩。

基本要求：能够正确定义存放学生信息的结构体数组，能从键盘输入成绩信息并存放到结构体数组中，并能用适当的循环和流程控制计算学生各自的总成绩和全班的总平均成绩。

第 9 单元：C 语言的高级应用

知识点：指针的概念、指针变量的定义和初始化，指针的引用，指针变量的运算。文件的打开、关闭、读/写等基本操作。

技能点：了解指针的概念，能够根据需要定义指针变量并对指针变量初始化，通过指针访问数据。了解文件的建立、打开、关闭、读/写等基本操作。

9-1 任务 13：指针的基本应用

主要内容：指针的概念、指针变量的定义、初始化、引用、指针变量的运算。

基本要求：了解指针的概念，能够阅读利用指针编写的简单程序。能够根据需要定义指针变量，通过引用指针来访问其内存单元的数据。

9-2 任务 14：使用文件

主要内容：文件的建立、打开、关闭、文件的读/写。

基本要求：能够以不同的方式建立、打开、关闭文件，对文件进行读/写操作。

第 10 单元：某班级学生成绩管理程序的设计

知识点：任务分析、功能设计、创建信息库（数据结构体的定义）、函数的定义和调用。

技能点：了解系统的设计过程；会运用模块化、结构化程序设计方法编写数据处理应用程序；能对程序进行分析、调试与测试；能设计小型的成绩管理程序。

工作描述：采用 3 人一组团队合作方式设计一个班级学生成绩管理程序，使之具有成绩维护（修改、添加、删除等）、成绩查询（按学号、按姓名、按科目、按成绩等）、成绩统计（优秀、及格、不及格等）、成绩输出（按学号、按总分或平均分顺序）等功能。

基本要求：了解系统的设计过程；会确定系统的功能模块并画出系统模块结构图；会利用结构体数组定义数据结构；能够编写各功能模块函数的代码，上机调试、运行、测试正确，提交设计总结报告和具有良好风格的源程序代码，作为综合实验作业。

第 11 单元：针对专业特点的工作任务

知识点：熟悉分析问题、解决问题的基本方法和步骤。

技能点：能够对专业的应用问题进行分析，根据给出的算法用 C 语言实现任务的功能。

工作描述：针对专业需求，编写程序，解决专业任务。程序的内容和规模由教师根据各专业的应用要求而确定。

基本要求：本单元的重点是针对专业的应用需求设计工作任务。这部分工作任务要求专业教师或企业工程师提供，使学生初步了解高级语言在解决各专业问题的方面的应用。学生也可以根据对各自专业的了解提出对专业任务的扩充和细化。具体要求如下：

① 待解决的问题由专业教师或企业工程师提供，也可以由学生根据对各自专业的了解自行设计。

② 问题的规模不宜过大，能满足③的要求即可。

③ 要求程序中必须包含：数据的输入和输出，顺序、选择和循环结构，函数，结构体数组，文件等内容。

④ 有完备的分析、设计、测试文档。

⑤ 程序应具有良好的风格。

9.1.4 教学实施建议

1. 学时建议

建议总学时 72，授课 36 学时，实验 36 学时。

2. 教学方法建议

建议在机房授课，边讲边练，精讲多练，注重应用，采用案例教学和任务驱动相结合，由浅入深，逐步推进，通过大量的实验使学生掌握程序设计的思想、方法与技巧。若可能，在完成 72 学时的教学之后，安排集中实训，将更利于提高学生的应用能力。

（1）第 1 单元至第 8 单元

通过课堂案例教学和上机任务驱动相结合方式，讲授的时候教师通过典型案例，将语法、方法、思路等贯穿在案例的教学中，通过实验加强学生对相关概念的理解和运用。

（2）第 9 单元和第 10 单元

采用任务驱动及讨论的方式进行教学。下达任务之后，学生分组进行问题的定义、问题求解方案设计等工作。组织学生交流各个组的设计方案，教师予以点评。利用这种方式，可以提高学生的自主思维、综合解决问题的能力。

9.1.5 考核方式

由于本课程的理论性和实践性要求都比较强，建议采用理论考核和实践考核相结合的方式。可以将期末考试作为理论考试部分，平时的实验作为实践考核部分。总评成绩由期末考试和实践考核构成，期末考试占 50%，实践考核占 50%。

9.2 "数据处理与应用（基于 MS Excel）"课程方案[①]

9.2.1 指导思想

本课程是经济管理类、文秘专业的必修课，其他专业的选修课。本课程培养学生掌握常用电子表格软件基本的操作技能，掌握使用电子表格软件工具进行数据处理，完成财务分析、统计分析、决策分析、图表分析和数据库应用的操作能力。设置本课程的意义一方面是为学生进一步学习经济类课程提供计算机技术的支持，为学习后续专业课程的数据处理和分析方法提供工具；另一方面是对学生运用该方法分析解决实际问题能力的培养以及相关技能的训练，为未来从事相关工作打下良好的基础。

9.2.2 课程目标设计

1. 课程目标

本课程的主要目标是介绍整理数据、分析与应用数据的基本理论与基本方法，以及

---

① 参与"数据处理与应用（基于 MS Excel）"课程方案设计的有：北大方正软件技术学院叶曲炜、郝军和李信一。

在经济管理与企业生产经营管理中的应用。通过本课程的学习，使学生掌握数据管理和应用的基本知识，具备熟练使用 Excel 的数据管理、处理和分析功能，包括常用函数、数据处理分析方法、数据透视表、图表的使用方法和技巧，提升 Excel 实际使用水平和能力，通过实际案例分析，使学生进一步加深对实际工作过程中数据处理的理解，能够熟练使用 Excel 实现科学的数据处理与应用，能够根据用户的需求进行数据处理与分析。

2. 基本能力与任务

（1）能力目标

通过本课程的学习与训练，学生应该具备数字应用、信息处理、解决问题等能力，主要如下：

① 数字应用能力：提高获取数据、数字运算、结果展示和应用等的数字应用能力。

② 信息处理能力：分析、理解、吸收新知识并用来提高自己的能力，从而更好地工作和学习。

③ 表达能力：熟练使用电子表格软件将有关内容以文档、图表、表格等形式表达出来。

（2）课程的任务

本课程通过完成如下案例及工作任务，达到上述能力目标。主要包括：数据的输入、数据的格式化、数据的排序和筛选、数据的分类与汇总、数据透视表、函数和图表，以及宏与 VBA。

9.2.3 课程内容

第 1 单元：Excel 基本操作

知识点：了解 Excel 的安装及启动与退出，了解 Excel 中的文件操作，掌握工作簿、工作表的基本概念，了解工具栏、菜单的基本功能和简单数据的输入和工作表的基本操作，掌握 Excel 文件的打印方法。

技能点：学会对工作表的多种简单操作；学会使用模板来快速建立常用的工作表，能对已有的工作表进行美化操作。

1-1 Excel 的安装、启动与退出

主要内容：介绍如何安装、启动和退出 Excel。

基本要求：熟悉操作系统；掌握程序安装方法。

1-2 工作表操作

主要内容：介绍对工作表的一些基本操作方法。

基本要求：掌握新建工作表、工作表的选定、重命名工作表、工作表的插入与删除、工作表的移动与复制、工作表的隐藏和工作表的保护等操作。

1-3 Excel 文件和模板操作

主要内容：介绍 Excel 文件和模板操作方法。

基本要求：掌握创建、打开、保存和关闭 Excel 文件的操作方法；掌握文件的恢复、使用默认模板和创建自定义模板。

1-4 任务 1：创建学生成绩登记表

主要内容：综合练习 Excel 基本操作。

基本要求：掌握创建、打开、保存和关闭 Excel 文件的操作方法；掌握文件工作表的创建、插入、重命名等操作；掌握各种类型的数据输入方法。

1-5 任务 2：创建职工工资表

主要内容：综合练习 Excel 基本操作。

基本要求：进一步熟悉、掌握 Excel 文件、工作表的操作方法；掌握各种类型的数据输入方法，

第 2 单元：数据的格式化操作

知识点：了解常用的数据格式；了解高级格式化方法；掌握在 Excel 中各类型数据的输入方法及显示格式设置。

技能点：能够对工作表中的数据进行简单格式化。

2-1 任务 3：数据的输入

主要内容：输入不同类型的数据。

基本要求：掌握输入数字、文本、日期、时间和批注的方法；了解快速输入的技巧。

2-2 任务 4：使用工作表

主要内容：对工作表的基本操作。

基本要求：掌握新建工作表、工作表的选定、重命名工作表、工作表的插入与删除、工作表的移动与复制、工作表的隐藏和工作表的保护等操作。

2-3 任务 5：工作表的格式设置

主要内容：分别设置学生成绩表和职工工资表的格式。

基本要求：掌握对齐格式、字体格式设置、边框格式设置、网格线格式设置、背景与底纹格式设置和使用自动套用格式设置格式等操作方法。

第 3 单元：Excel 公式与函数基础

知识点：了解一些常用函数的基本操作和概念；了解一些公式和函数的错误信息并能进行更正；了解 Excel 中函数的分类及各类函数的应用；了解 Excel 中自定义公式的

方法；掌握公式的输入方法并能对公式进行编辑；熟悉公式中引用单元格的技巧，学会对已编辑好的公式进行保护操作。

技能点：具备在 Excel 中公式与函数的一些基本操作技能。

3-1 公式使用基础

主要内容：在 Excel 中输入公式和函数，以及公式中的运算符及符号的使用方法掌握公式和函数的输入方法；掌握在公式中使用运算符、公式中运算符的优先级，以及在公式中使用函数。

基本要求：了解简单公式的使用方法。

3-2 任务 6：编辑公式

主要内容：编辑公式的常用手段和方法，单元格引用，常用公式错误的更正和公式审核。

基本要求：掌握公式的移动与复制、公式的替代、删除公式等操作方法；理解单元格引用的三种类型：相对引用、绝对引用和混合引用；掌握公式中常见的错误类型，处理公式的循环引用以及公式审核方法。

3-3 任务 7：使用函数

主要内容：使用 Excel 中的函数和公式计算学生成绩和职工工资的统计值。

基本要求：了解 Excel 中 11 类函数分类，包括数据库函数、日期与时间函数、工程函数、财务函数、信息函数、逻辑函数、查找与引用函数、数学与三角函数、统计函数、文本函数以及用户定义函数。

第 4 单元：Excel 图表基础

知识点：了解 Excel 中图表与图形的基础知识；熟练掌握在 Excel 中创建图表的方法，能够对 Excel 中创建的图表进行必要的编辑；掌握打印 Excel 中图表的方法，掌握 Excel 中常用图表的应用。

技能点：在数据报表中，能适当地插入一些与数据相关的统计图形或其他图形，使数据更直观、更易于阅读和评价。

4-1 任务 8：制作简单图表

主要内容：图表的基本概念，图表的组成和图表的新建、编辑、格式设置和图表打印操作方法。制作学生成绩表的图表。

基本要求：了解图表的结构及图表专用术语；掌握图表创建方法；掌握图表的编辑和打印方法。

4-2 任务 9：制作不同类型的图表

主要内容：以不同的图表类型表达职工工资表的数据。

基本要求：了解 Excel 中图表的类型，能选择正确的图表类型，有效地表达信息。图表类型包括柱形图、条形图、折线图、饼图、XY 散点图、面积图、环形图、雷达图、曲面图、气泡图、股价图、圆柱图、圆锥图和棱锥图。

第 5 单元：数据分析处理

知识点：了解数据透视表的基本概念，对象的链接与嵌入，修改和更新链接；掌握数据的排序、查找、筛选、分类与汇总；数据透视表的建立与修改。

技能点：利用建立的数据表，进行数据的排序、查找、筛选、分类与汇总。建立数据透视表，对该表进行修改、显示和数据对象的链接与嵌入操作。

5-1 任务 10：数据的简单统计处理

主要内容：利用建立的数据表，进行数据的排序、查找、筛选、分类与汇总。主要包括按某一字段进行简单排序、多关键字排序、自定义排序、简单的分类汇总、高级分类汇总、嵌套分类汇总。

基本要求：掌握数据的排序、查找、筛选、分类与汇总。

5-2 任务 11：用数据透视表分析数据

主要内容：使用数据透视表查看数据，修改数据透视表、数据透视图。

基本要求：建立数据透视表，对该表进行修改、显示和数据对象链接与嵌入操作。

第 6 单元：数据分析工具的应用

知识点：了解数据审核及跟踪分析的基本使用方法及操作过程。熟悉方案分析的操作步骤，熟悉分析工具库中的数据分析工具，熟悉数据的审核与跟踪的方法，掌握分析工具的类型、作用和安装过程，数据分析工具库组成和功能，掌握模拟运算表的使用方法，掌握单变量求解方法，掌握规划求解宏的操作方法。

技能点：具备数据分析工具的安装和基本使用技术的能力，具备使用数据分析工具处理相关数据的能力。

6-1 任务 12：安装分析工具库和数据审核与跟踪

主要内容：介绍如何加载以及安装分析工具库中的插件和使用相关工具对数据进行审核与跟踪。

基本要求：掌握安装分析工具库中的插件方法和使用相关工具对数据进行审核与跟踪。

6-2 任务 13：模拟运算表和单变量求解

主要内容：介绍模拟运算表和单变量求解的概念和操作方法。

基本要求：掌握使用模拟运算表计算分期付款金额对照表；掌握使用单变量求解方法解决贷款金额计算问题。

6-3 任务 14：规划求解

主要内容：介绍 Excel 工作表中使用规划求解宏解决经济价值最优生产决策问题。

基本要求：掌握在 Excel 中建立数学模型，然后使用"规划求解"宏来求解问题，并给出规划求解报告以及相关说明。

6-4 任务 15：使用分析工具分析数据

主要内容：介绍各种分析工具使用方法，包括方差分析工具、相关系数工具、协方差工具、描述统计工具、F－检验工具、直方图工具、回归分析工具和抽样分析工具。

基本要求：掌握各种分析工具的应用领域和使用方法。

第 7 单元：Excel 中的宏与 VBA

知识点：了解宏的相关概念，掌握宏的创建方法，使用 VBA 编写一些简单的宏和 VBA 程序。

技能点：具备使用 VBA 编写一些简单的宏和 VBA 程序。

任务 16：宏的基本操作

主要内容：介绍宏的创建，并对其进行修改。

基本要求：了解宏的相关概念，掌握宏的创建方法，使用 VBA 编写一些简单的宏和 VBA 程序。

第 8 单元：账务处理

知识点：创建工作表，设置工作表的格式，基本函数的使用。

技能点：熟练使用 Excel 制作各种表格，能对其中的数据按照一定规则进行运算。

工作描述：根据专业知识创建原始凭证表、记账凭证表、日记账、分类账、建立试算平衡表。

基本要求：掌握 Excel 中工作表的基本操作，熟悉简单的财务知识，了解财务常用表格的格式。

第 9 单元：销售数据处理

知识点：熟悉营销数据的常用统计方法，掌握处理营销数据的常用 Excel 函数，灵活运用 Excel 函数对销售数据进行统计分析，掌握 Excel 对销售额进行预测的方法。

技能点：具备基本的营销知识和 Excel 基本操作能力。

工作描述：本单元主要介绍 Excel 在营销数据处理方面的应用，具体从收入的确认、贡献和毛利分析、销售数据统计分析以及销售预测这四个方面来说明。

基本要求：了解营销的相关知识，掌握 Excel 基本操作。

第 10 单元：资产更新数据处理

知识点：了解固定资产更新决策数据的处理方法，掌握折旧的计算方法，掌握 Excel 中函数的使用方法，掌握图表的使用方法。

能力点：掌握折旧的计算方法，具备熟练使用 Excel 函数和图表的能力。

工作描述：固定资产在生产和经营过程中，会发生有形和无形的损耗，表现为货币形式即为折旧。由于利润大小受折旧方法的影响，所以要使用 Excel 中提供的不同的函数来计算折旧率，从中找出最优的方案。

基本要求：了解固定资产更新决策数据的处理方法，掌握折旧的计算方法，掌握 Excel 中函数的使用方法，掌握图表的使用方法。

9.2.4　教学方法建议

1．学时建议

建议总学时 64。授课 32 学时，实验 32 学时。最好安排在机房授课，边讲边练，实践学时最好大于 50%。

2．教学方法建议

在教学过程中，针对每个知识点结合学生的专业设计一些实际案例，首先提出任务，然后讲解相关知识点，接着通过案例分析讲解技能，通过实战训练完成教学任务。

9.2.5　考核方式

由于本课程主要是以讲授软件使用方法为主，所以建议上机考试，可以根据学生专业的特点出一些和专业相关的综合上机题。

9.3　"网页设计与制作"课程方案[①]

9.3.1　指导思想

本课程是广告艺术类专业（如广告设计、媒体处理）和电子信息类专业（如电子技术、通信工程和应用电子技术等）等的一门专业基础课程，是动态网站设计相关课程（如 ASP.NET、JSP 或 PHP 的应用网站设计）的前修课程。本课程主要培养学生基本的网页设计能力，即培养学生设计静态网页的能力。

---

① 参与"网页设计与制作"课程方案设计的有：邢台职业技术学院孙永道、路建彩和赵胜。

9.3.2 课程目标设计

1. 课程目标

本课程的目标是培养学生设计静态网页能力。通过本课程的学习，使学生掌握 HTML 相关的基础知识，主要包括 HTML 的语法结构、常见标记的属性和功能，以及 CSS 样式表和 JavaScript 的基本语法；掌握静态网页设计的相关技能，包括能够使用 Dreamweaver 进行静态网页设计，具备网页内容编辑、布局设计、页面美化和网站测试能力；能够胜任静态网页设计、网页模板设计、网页内容编辑和网站测试等工作任务。

2. 基本能力与任务

（1）能力目标

通过本课程学习与训练，学生应具备根据客户需求设计和维护静态网站的能力，主要如下：

① 根据客户需求进行设计分析。即运用适当的分析方法和工具，对用户需求进行分析，确定网页（站）的风格、布局、色调、导航等内容。

② 熟练使用一种网页设计工具进行网页设计和站点内容管理。熟练掌握 Dreamweaver 等网站设计工具，即能够用 Dreamweaver 等创建网站，添加、编辑网页，并能在 Dreamweaver 中测试网页（站）。

③ 能够进行网页布局和样式的设计。能够使用 CSS 进行网站外观设计，包括色彩、布局等。

④ 能够在网页中插入和编辑各种多媒体内容。能够在网页中插入和编辑文本、图像、音乐、视频和动画等多媒体内容。

⑤ 能够在浏览器中测试网页（站）。在 IE 中进行网页（站）的测试，并能根据要求提交测试结果（或测试报告）。

⑥ 能够在网页中插入简单的网页特效，实现广告效果。能够在网页中插入常见的特效网页，如浮动广告，弹出窗口，滑动广告，固定位置广告等。

⑦ 掌握在 IIS 中发布网站的方法和步骤。能够在 IIS 中发布网站，掌握基本的配置过程，并能对网站进行测试，总结存在的问题和不足，根据反馈完善设计。

⑧ 能够对网站设计过程进行总结。能够对设计过程进行分析总结，用演示文稿等方式展示总结报告。

⑨ 具备团队合作和创新设计的能力。具备较强的团队合作精神和创新精神，并能通过不断的学习，提高自身的素质和能力。

（2）课程的任务

为了达到课程的目标，本课程通过网页设计基础知识的学习，通过网站设计的定位、

Dreamweaver 工具的使用、网页内容的插入和编辑、网页特效的添加，以及在 IIS 中发布和测试网站等内容的学习和训练，使学生能够胜任中小公司或个人网站静态页面的设计、编辑和维护等相关工作。

9.3.3 课程内容

第 1 单元：网页设计相关基础知识介绍

知识点：熟悉 HTML 的基本功能、语法结构和设计思路。

技能点：能认识 HTML 的常用标记，掌握 HTML 设计的基本方法和流程。

1-1 网页设计基础知识学习

主要内容：学习网页设计相关的基础知识

基本要求：掌握 HTML 在互联网中的主要地位，熟悉 HTML 的基本语法和编写方式。

1-2 任务 1：简单网页设计

主要内容：学习最简单的网页设计过程

基本要求：能够使用记事本或 Dreamweaver 等进行简单的网页设计，并能在浏览器进行测试。

第 2 单元：网页（站）设计的定位

知识点：色彩基础知识、常见布局结构以及导航结构。

技能点：能够根据用户的要求进行需求分析，对网站设计进行定位分析，确定网站的色彩，布局、导航和内容主题等。

2-1 任务 2：网页（站）模板欣赏与分析

主要内容：网站的导航、布局、色调、板块等知识。

基本要求：通过网络搜集等方式，分析相关案例网站，确定网站的布局结构、色彩搭配、导航方式、广告特效等。

2-2 网页（站）设计的定位

主要内容：确定要设计网页（站）的色彩、布局、导航、内容等。

基本要求：能够根据用户的具体要求进行分析，并在参考其他网站的基础上，确定网站的色彩、布局、导航和内容等。

第 3 单元：Dreamweaver 的使用

知识点：站点、网页、链接和测试等知识。

技能点：能够使用 Dreamweaver 创建、打开和保存网页和站点。

202

3-1 任务 3：Dreamweaver 中网站的管理

主要内容：学习使用 Dreamweaver 创建、打开、导入和编辑网站资源。

基本要求：掌握使用 Dreamweaver 创建、打开、导入和编辑网站资源，并能实现网站资源的移植，即能在其他机器上打开和编辑现有的网站。

3-2 任务 4：Dreamweaver 中创建、保存、打开、编辑和测试网页

主要内容：学习使用 Dreamweaver 创建、打开、编辑、保存网页。

基本要求：掌握使用 Dreamweaver 创建、设计和管理网站的内容，并能测试编辑中或已编辑好的网页。

第 4 单元：网页中插入和编辑内容

知识点：HTML 标记、文本标记、图像标记、动画标记和媒体标记。

技能点：能够在网页中插入文本、图像、动画和音频视频等内容，并能够设置这些对象的位置、大小、颜色等通用属性或专用属性。

4-1 任务 5：在网页中添加文本

主要内容：学习使用 Dreamweaver 创建页面，添加文本，并设置文本的字体、字号、颜色、段落格式等，并能进行整体排版。

基本要求：掌握使用 Dreamweaver 创建网页，并且在页面中添加文本，而且能对一段文本进行字体、字号、颜色、段落的设置。

4-2 任务 6：使用 Dreamweaver 在网页中插入图像

主要内容：图像的插入、大小设置、对齐设置和图文混排等。

基本要求：掌握在页面中插入图像的基本方法，并能够进行图像与文本的混排（图像与文本的几种对齐方式）。

4-3 任务 7：在网页中插入音频视频

主要内容：学习在网页中实现播放各种多媒体内容（如 MP3、WAV、FLV、WMV、AVI、RM 等）。

基本要求：掌握<embed>标记，并能在页面插入和播放各种音乐，或插入和播放各种视频（包括 ASF、FLV、RM、AVI、MPEG 等）。

4-4 任务 8：在网页中插入动画

主要内容：学习在页面中插入 Flash 动画和 GIF 动画等。

基本要求：掌握使用 Dreamweaver 打开网页，并且在页面中插入 Flash 动画和 GIF 动画，并能设置各种播放效果。

第 5 单元：添加网页特效

知识点：熟悉脚本语言的基本结构和语法，了解简单的 JavaScript 函数，熟悉 Window 对象、Document 对象和 DIV 层等的基础知识。

技能点：能够在已经做好的页面中插入浮动广告、弹出广告，滑动广告和固定位置广告等广告内容。

5-1 任务 9：插入浮动广告。

主要内容：在已经做好的页面中，使用层来制作漂浮广告。

基本要求：掌握通过层技术和 JavaScript 技术，在网页中插入漂浮广告的方法。广告的代码可以参考网络上的相关代码。

5-2 任务 10：插入弹出广告。

主要内容：学习使用层技术或使用 Window 对象来实现弹出广告。

基本要求：掌握在网页中使用 Window 对象的 open()方法设计弹出广告的方法，或通过隐藏或显示层的方式实现弹出广告。

5-3 任务 11：插入固定位置广告

主要内容：学习使用 DIV 层、Document 对象、JavaScript 中的定位方法等来实现固定位置广告效果。

基本要求：掌握使用 DIV 层，通过在在其中插入图片，使用 Document 对象和 JavaScript 中定位方法等来实现固定位置广告效果，即使广告不会随滚动条的滚动而改变位置。

5-4 任务 12：插入对联广告。

主要内容：学习使用 Aptana 等工具在页面中插入对联广告。

基本要求：掌握使用 Aptana 或相关工具，在网页中通过插入层，并使得 DIV 层显示在网页两侧的方法。

第 6 单元：网站的发布与测试

知识点：掌握发布网站的一般流程，熟悉网站测试的主要内容。

技能点：能够对网页的显示效果、链接状态和内容的完整性等进行测试，以及在不同浏览器上的兼容性测试，并且能根据测试结果进行修改完善，能够在 IIS 中或在网络免费空间或 ISP 提供的空间发布设计好的网站作品。

6-1 任务 13：IIS 中发布和测试网站

主要内容：学习安装 IIS，在 IIS 中发布网站，在 IIS 中测试网站。

基本要求：掌握安装 IIS、配置 IIS 和发布网站的方法，熟悉网页测试的主要内容，并能够进行网页内容、链接状态和显示效果进行测试。

6-2 任务 14：互联网中发布和测试网站

主要内容：学习在网络上申请免费空间或向 ISP 申请空间和域名等。

基本要求：能够将设计好的作品发布在申请的免费空间或付费空间，并能对网站的正确性、访问速度、链接关系和兼容性等进行测试。

第 7 单元：个人博客网站静态网站设计

知识点：什么是博客网站，博客网站主要板块、布局结构个性化等。

技能点：掌握个人网站的设计技巧和设计思路。

工作描述：借助相关的网页设计工具，依据已经掌握的网页设计技能，按照具体的设计要求，在参考互联网博客网站的基础上，定位待设计博客网站的主题，并独立完成设计个人博客网站，提交在 IIS 中的测试报告。

基本要求：设计一个比较完善的静态博客网站。具体要求如下：

① 设计的网站应该至少包含七个页面，即包括首页、相册、音乐、视频、日志、留言、注册等。

② 要求各个页面具有一致的色彩、布局和导航结构，但包含不同的内容主题，例如相册页面主要是博客作者相关的相册内容，而不能包含日志相关内容。

③ 作品的设计独立完成，不能雷同，即要突出自己作品个性化特色（通过不同的主题、布局、板块和色调等实现），也要注重美观性的问题。

④ 作品设计主要由学生自主完成，教师只提供建议和技术支持，不提供设计流程和设计方法模拟讲解。学生间可相互讨论、相互借鉴设计思路和方法。

⑤ 严格根据网页设计规范进行，规范主要包括编码格式、网页命名、目录结构等，具体由任课教师提前规定。

第 8 单元：某公司静态网站设计

知识点：公司网站的主要板块的构思方法，公司网站设计的基本思路。

技能点：能够采用团队合作的方法设计某个公司的静态网站。

工作描述：采用团队合作的方式，并采用模板设计方式，借助已经掌握的网站设计方法，选用最佳的网站设计工具，在大量参考现有公司网站的基础上，根据公司的商业定位特点，面向的客户群体等对该公司网站的设计进行构思定位（包括色彩、主题、导航和布局等），并实现该公司网站的设计。

基本要求：设计一个相对完整的公司静态网站，具体要求如下：

① 网站至少包含十个页面。即首页、产品页面、客服页面、公司介绍、在线商店、公司博客、公司论坛、留言板、新品推荐、公司团队等。

② 采用模板方式设计技术。要求采用模板技术，保持网站各页面一致的导航、色彩、布局等。模板技术可以由任课老师讲解或自学。

③ 公司网站有主题明确的 Logo，一致的产品定位。所以，产品展示页面所展示的产品要至少属于同一大类。

④ 网站采用团队合作的设计方式。每组人数可以根据实际情况确定。建议 5 人左右。并有明确的队徽，队名等，并体现在网站下面的版权说明中（即在设计制作中体现）。

⑤ 在 IIS 中进行网站发布，并进行内容完整性、链接正确性，布局合理性等进行测试，然后根据老师提供的模板，编写基本的测试报告。

⑥ 设计完成后，总结设计过程，完成设计总结报告（ppt 格式或 Word 格式），总结报告包含网站定位、设计构思、设计规范、设计过程总结和测试报告等，同时提交网站源代码。

⑦ 鼓励创新。主要是从网站定位，色彩搭配，布局结构，内容主题，广告模式等着手，但各个小组的网站不能有任何两组雷同。

⑧ 网站设计必须严格遵守设计规范。规范主要包括编码格式、目录结构、网页命名等。具体由各小组自行确定，且必须体现在最终的总结报告中。

9.3.4 教学实施建议

1. 学时建议

本课程的学习，建议 64～80 学时。授课和实验至少 1:1。

2. 教学方法建议

实际教学中，建议根据具体教学任务，教学条件和学生现状选择最佳的教学方法。这里提供几个供参考的教学方法：

（1）思维导图法

在讲授网站的定位、内容板块组成等可能有多种答案内容时，可以采用这种教学方法，即将各种思路、方法等归类划分，绘制成思维导图，供学生去构思和参考。建议第 7、8 单元采用这种方法。

（2）四阶段教学法

按照教师分析任务、教师演示操作、学生模仿设计和学生展示作品等四个阶段进行某个教学任务的学习。建议第 1～5 单元的前 1～2 个任务采用这种方法。

（3）任务驱动教学法

通过布置教学任务，学生自主完成任务，教师检查评价等几个环节开展教学。这种方式适合于本课程的中间阶段，旨在强调学生自主学习能力的培养。建议第1～5单元的第三个及以后的任务采用这种教学方法。

（4）行动导向教学法

由学生独立或将学生分成小组，由学生独立或合作完成。具体通过任务的分析规划，协作完成设计任务，小组展示作品，师生评价等几个环节构成。这种方式主要适合于综合性较强的任务或单元，如公司网站设计等。建议第7、8单元采用这种教学方法。

3．工作单元的教学建议

下面列举两个单元的教学建议：

（1）第7单元教学建议

由每个学生独立完成。教师只提供参考网站，引导学生分析博客网站的主要板块。学生自主定位网站的色彩、布局和导航等。本单元建议课内4学时，课外至少8学时。学生设计的作品可以采用校内网发布的方式，供学生之间的相互评价和参考，并鼓励学生学习的积极性。

（2）第8单元教学建议

将学生分成每组4～6人，网站设计由小组合作完成。教师提供参考网站等。本单元课内4学时，课外至少8学时。可以选取部分小组作品进行演示评价，也可以用校内网发布方式供小组之间互相评价或借鉴，并鼓励学生的学习积极性。

9.3.5 考核方式

本课程考核应该注重学生网页设计能力。建议采用过程考核或作品考核方式，具体如下：

1．过程考核方式

建议以每个教学案例的完成或教学单元的完成为考核点，通过阶段性设计成果的检查作为记分依据，或者通过抽查演示的方式进行计分。分数的确定，建议以等级方式，而不是100分制方式。

2．作品考核方式

建议第8单元采用这种考核方式。即通过小组演示作品，师生共同评价，确定该组分数。学生个体的分数，可以由平时个体表现和小组分数共同组成，学生个体分数和小组分数所占比重，建议1:1或作品所占的比例稍大。

9.4 "多媒体技术应用"课程方案[①]

9.4.1 指导思想

本课程是非计算机专业的多媒体技术应用课程,使学生初步具备基本计算机多媒体信息素养和多媒体技术应用能力,了解当前主流多媒体技术,掌握常见应用软件或专业工具的使用,在多媒体技术的应用上,从职业岗位能力与应用者需求角度对多媒体的基本概念、基本原理和基本方法进行阐述。其切合职业教育的培养目标,强调技能、重在操作,从面向实际、突出实用的角度出发,培养学生的信息素质,提升学生的职业能力及解决各自工作领域问题的能力。

9.4.2 课程目标设计

1. 课程目标

本课程的目标是使非计算机专业高职高专的学生初步掌握主流多媒体技术的应用。通过数字化的运用对声、文、图、视频综合信息进行处理,以职业岗位能力为基础,在现有的教学内容基础上,通过设计更多的多媒体实训任务以及使学生掌握最新的各种多媒体编辑和处理软件(文字素材采集与处理、声音的采集与处理、图像的编辑与制作、视频的编辑与处理)的基本使用方法,培养学生多媒体技术应用和实际动手能力。在教学设计上,以操作技能为主线,实践教学与理论教学并重,在实际操作熟练的基础上,引导学生对理论的理解,并强调实际技能和综合能力的培养,使学生能综合运用所学知识解决多媒体实际应用问题。

2. 基本能力与任务

通过本课程的学习与训练,使学生了解多媒体信息表示和处理的基本原理,掌握常用多媒体素材的制作方法与处理技术,具备基本计算机多媒体信息素养;培养学生解决各自工作领域实际问题的能力。内容主要如下:

(1)能力目标

① 多媒体表达能力:熟练使用相关的软件将多媒体有关内容用计算机或专用设备表达、展示出来。

② 格式转换能力:掌握各种文件格式的特点及应用方法,熟练掌握文字识别(OCR)的操作。

③ 图像的采集、编辑和处理能力:掌握相关图像知识,熟练掌握采集、编辑、合成等操作。

[①] 参与"多媒体技术应用"课程方案设计的有:北大方正软件技术学院马增友、于俊丽和杨春浩。

④ 声音的采集、编辑和处理能力：掌握相关的声音知识，熟练掌握录制、剪辑、合成等操作。

⑤ 视频的采集、编辑和处理能力：掌握相关的视频知识，熟练掌握录制、剪辑、合成等操作。

（2）课程的任务

为了达到课程的目标，本课程将通过扫描仪和打印机的安装与使用；图像、文字素材的扫描输入，转换与编辑；图像合成，图形的绘制及编辑；声音的录制与编辑，音量控制与音效处理，音频的编辑与合成；视频录制、采集、编辑、转换和特效，视/音频合成与输出的学习和训练，使学生能够完成打印、扫描、图像文字 OCR 识别技术、图像处理、音/视频的采集与制作等工作。

9.4.3 课程内容

第 1 单元：基础知识

知识点：多媒体技术的定义、种类、应用。

技能点：掌握多媒体的类型、特点及 Windows 多媒体工具的使用方法，常用多媒体设备的使用。

1-1 任务 1：Windows 多媒体工具的使用

主要内容：Windows 自带多媒体工具的使用。

基本要求：能使用 Windows 自带录音机、Media Player、画图多媒体工具进行声音录制、音视频播放、截图与图片基本处理的方法。

1-2 任务 2：打印机、扫描仪的使用

主要内容：打印机、扫描仪的安装与使用。

基本要求：掌握打印机、扫描仪的安装、驱动程序的安装及文件打印与扫描的方法。

第 2 单元：图像处理

知识点：美学基础、图像文件格式、Photoshop。

技能点：掌握图形图像素材的采集、数码照片的调整、照片合成、输出透明背景的图像、图像处理的方法与操作。

2-1 任务 3：采集图像

主要内容：利用数码照相机、扫描仪、互联网获取图像文件。

基本要求：初步掌握数码照相机、扫描仪的使用，并根据需要设置分辨率和文件格式。

2-2 任务 4：图像处理

主要内容：利用 Photoshop 简单处理已有图像。

基本要求：掌握 Photoshop 的调整大小、调色、裁剪等基本操作。

2-3 任务 5：图像高级处理

主要内容：利用 Photoshop 的高级功能处理已有图像。

基本要求：掌握图像的合成，利用通道、蒙版、滤镜等技术制作特效。

2-4 任务 6：输出透明背景的 GIF 图像

主要内容：掌握抠图的方法，并制作透明背景图像。

基本要求：使用通道、蒙版、选择工具对背景颜色复杂的图像文件进行抠图处理，并保存为透明背景图像。

第 3 单元：声音处理

知识点：声学基础、声音文件格式。

技能点：初步掌握使用 Cool Edit Pro 软件，进行声音的录制、编辑、音量控制、音效处理、音频的编辑和合成。

3-1 任务 7：采集声音

主要内容：从数码录音设备、CD、互联网获取声音文件。

基本要求：初步掌握数码录音设备的使用，CD 音轨抓取方法，及 Cool Edit Pro 录制功能，并根据需要设置文件格式。

3-2 任务 8：录音的降噪处理

主要内容：初步掌握 Cool Edit Pro 软件基本操作及录音的降噪处理。

基本要求：录制完原声后，由于原声含有一定的杂音，所以降噪处理是至关重要的一步，做得好有利于下面进一步美化声音、方便音效处理。

3-3 任务 9：声音的剪辑和音效处理

主要内容：使用剪辑、声音合成、淡入（出）等特殊效果处理录制音频，保存为所需的声音文件格式。

基本要求：录音完毕后，一般应试听几次，看看有没有读错的地方，语句之间的停顿时间是否恰当，如果有不够理想的情况，一般不需要全部重新录制，只要对不理想的地方单独录制并剪辑、声音合成、淡入（出）等特殊效果处理录制音频，保存为所需的声音文件格式。

3-4 任务 10：音频的编辑和合成

主要内容：采集 VCD 卡拉 OK 上的伴奏音乐，编辑伴奏音乐；录制自己演唱的歌曲，对录音进行剪辑处理；音频文件的合成与输出。

基本要求：使用 Cool Edit Pro "多轨界面"进行音频剪辑、编辑、声音合成、音频特殊效果，完成一首音乐伴唱歌曲，保存为 MP3 和 WAV 文件格式。

第 4 单元：视频处理

知识点：视频基础、视频文件格式、Premiere 处理流程。

技能点：初步掌握视频采集、视频文件格式转换、视频处理的方法、音/视频合成。

4-1 任务 11：采集视频

主要内容：从数码摄像机（头）、互联网获取视频文件。

基本要求：初步掌握数码摄像机的使用，并根据需要设置文件格式与导入计算机内。

4-2 任务 12：制作视频片头

主要内容：使用 Premiere 的"特效控制"面板对视频素材进行运动设置；使用"字幕"功能来打开"字幕设计"面板并创建字幕，在"时间线"面板进行字幕叠加，并对视频透明度进行控制。

基本要求：掌握利用 Premiere 创建和叠加字幕的方法，掌握运动路径的设置方法，能对视频轨道进行透明度调整。实训完成后，必须保存项目文件和最终输出的视频文件。

4-3 任务 13：视频编辑、过渡效果和视频特效制作

主要内容：使用 Premiere 的"监视器"面板和"时间线"面板剪辑视频素材；使用"效果"面板对视频素材应用过渡效果和特效；使用"效果控制"面板进行视频过渡效果和视频特效的参数设置。

基本要求：通过对原视频素材的挑选和编辑，掌握最基本的视频剪辑方法和视频过渡效果的设置和使用方法，了解视频特效的设置方法。实训完成后，必须保存项目文件和最终输出的视频文件。

4-4 任务 14：视频合成与输出

主要内容：使用 Premiere 对原序列进行汇编，在"时间线"面板添加音频素材并进行音量调节，对节目进行淡出效果的控制；将节目输出为 WAV 格式流媒体文件并进行参数设置。

基本要求：理解汇编序列的概念，掌握音视频合成的方法，掌握节目输出的方法。实训完成后，必须保存项目文件和输出的 WAV 格式视频文件。

第 5 单元：格式转换

知识点：各种文件格式的特点及适用范围。

技能点：根据实际情况选择正确的文件格式。

5-1 任务 15：文字识别（OCR）

主要内容：将纸质文档通过扫描仪、OCR 软件变为电子文档。

基本要求：掌握 OCR 软件的使用方法及文字识别工序流程。

5-2 任务 16：PDF 与 DOC 的转换

主要内容：PDF 与 DOC 间的相互转换。

基本要求：初步掌握利用 Acrobat 对 PDF 格式文档进行编辑和 PDF 虚拟打印机的使用。

5-3 任务 17：电子书的制作

主要内容：电子图书的种类、制作方法及工艺流程。

基本要求：利用 Apabi Maker 制作电子图书。

第 6 单元：设计个人电子简历

知识点：综合运用多媒体技术与设计的基本思路。

技能点：利用已掌握知识，锻炼综合设计与多媒体出版物制作能力。

工作描述：利用多媒体技术工具，依据已经掌握的多媒体软件技能，按照具体的设计要求，并根据以往简历的不足，突破纸质简历的限制，设计一份个人电子简历。

基本要求：根据个人情况，在设计个人电子简历时，要求在设计中通过视频、声音、文字、图像展示个人基本信息，并突显个人的优点与强项，使用的图像、文字、声音经过处理，整体色彩搭配合理，界面优美，内容清晰，突出重点，形成 WAV 视频文件。

第 7 单元：设计学校宣传片

知识点：综合运用多媒体技术与设计的基本思路。

技能点：利用已掌握的知识，锻炼综合设计与多媒体宣传片的能力。

工作描述：某学校为更好地宣传本校的内涵与文化，通过音视频、文字、图片、动画的形式更直观体现出来，制作一个视频宣传片传到网站上，浏览者通过观看此片，全面了解学校情况。

基本要求：采用团队合作的方式，要求内容包含学校概况、专业介绍、教学设置、招生情况、就业情况等，团队分工进行采集、录制、编辑等工作，制作一个 5 分钟学校宣传片，宣传片以 WAV 视频格式保存。

9.4.4 教学实施建议

1. 学时建议

建议总学时 48。授课 20 学时，实验 28 学时。

2．教学方法建议

本课程融合"教、学、练"为一体。教学方法体现"以教师为主导，以学生为主体、以任务为主线"的原则。

第一步：任务引入，提出问题

通过任务演示，提出问题，讲解任务应用背景，帮助学生建立感性认识。目的是激发学生的学习兴趣、让学生感到学有所用，从而明确本次课的教学目标。

第二步：分析任务，解决问题

对工作任务进行分析，找到解决问题的方法和操作技能。具体实施的过程是将工作任务分解为若干个可行的任务，然后在一个个任务的驱动下，逐步完成任务的制作。学生在制作过程中，发现问题，提出问题，在问题的引导下学习相关的知识和操作技能。

第三步：归纳总结，举一反三

任务分析结束前，引导学生进行归纳总结。

9.4.5　考核方式

通过实训，使学生了解多媒体创作的一般规律，熟悉整个制作流程，掌握多媒体应用中各种工具的设计与制作，熟悉各种媒体数据的采集、编辑、处理和集成。

本课程学生成绩由四部分组成：

① 平时考勤，占总评成绩的10%。

② 平时实训成绩，目的是加强教学质量的过程控制，占总评成绩的30%。

③ 素材采集成绩，目的是为了培养学生自学能力，提高洞察力，占总评成绩的10%。

④ 综合实训成绩，在小组成绩的基础上，根据每个学生的工作量和成绩计算个人成绩，五人一小组，每人独立负责一部分内容，最后写出总结报告（小组成员、成员分工、设计思想、使用的工具、问题分析、改进设想等），提高学生合作精神，占总评成绩的50%。

总评成绩＝平时考勤×10％＋平时实训成绩×30％＋素材采集成绩×10％＋综合实训×50％

9.5　"计算机组装与维护"课程方案[①]

9.5.1　指导思想

本课程是程控交换技术、通信网络与设备、应用电子技术、通信技术、计算机控制技术等电子信息类专业的一门技术基础课程。本课程对培养学生基本的计算机软、硬件

---

① 参与"计算机组装与维护"课程方案设计的有：湖北荆州职业技术学院方风波、张宁和汤钦林。

安装能力和系统维护能力，提高学生通过独立思考发现问题、分析问题、解决问题的实际动手能力和提升学生信息素养十分重要，为学生学习后续专业课程打下基础。

9.5.2 课程目标设计

1. 课程目标

本课程的目标是培养学生计算机软、硬件安装、调试能力和对计算机系统常见故障的诊断、排除能力。通过本课程的学习，使学生了解计算机各部分的基本组成、主要性能指标、安装方法与技巧等基本理论和基本知识；具备根据实际需要选购计算机配件，独立安装、调试和维护计算机系统的能力；能够完成计算机系统安装、测试和维护等工作。

2. 基本能力与任务

（1）能力目标

通过本课程的学习与训练，学生应该具备熟练的计算机软、硬件安装，调试能力及对常见计算机故障的诊断及排除能力，主要如下：

① 对计算机外围设备的识别与拆装能力，主要包括对键盘、鼠标、扫描仪、数码照相机等输入设备及显示器、打印机等输出设备的正确识别与拆装。

② 对计算机主机的识别与拆装能力，主要包括对 CPU、内存、硬盘、显卡、主板等主机组件的正确识别与拆装。

③ 根据不同场合与需求，制订合理的计算机配机方案的能力。

④ 对计算机硬件系统的组装能力，主要包括 CPU 及风扇、内存、主板、硬盘、光驱、扩展卡、电源及外设的安装与拆卸。

⑤ 对计算机软件系统的安装、调试能力，主要包括 BIOS 设置、硬盘分区与格式化及系统软件、驱动程序、应用软件安装、调试与卸载。

⑥ 对计算机系统的性能测试与优化能力，主要包括常用测试、优化工具软件的使用。

⑦ 对计算机软、硬件的日常维护及常见故障的查找和排除能力。

（2）课程的任务

为了达到上述课程目标，本课程将通过对计算机系统结构、计算机外围设备的识别与拆装、计算机主机的识别与拆装、计算机配机方案的制订等内容的学习和训练，使学生能够完成计算机硬件和软件的安装、系统测试与日常维护等工作。

9.5.3 课程内容

第1单元：计算机系统结构

知识点：计算机硬件、软件系统组成。

技能点：掌握拆装计算机的基本流程。

1-1 计算机系统组成

主要内容：计算机硬件、软件系统的组成及相互之间的关系。

基本要求：在多媒体教室利用图文并茂的多媒体课件进行教学，通过图片或实物浏览的方式查看计算机的整机和主要组件，了解计算机系统的基本结构。

1-2 计算机拆装流程

主要内容：拆卸、安装计算机的基本流程。

基本要求：在多媒体教室利用图文并茂的多媒体课件进行教学，并通过视频播放或查看实物方式浏览计算机拆卸、安装过程，掌握拆装计算机的基本流程。

第 2 单元：计算机外围设备识别与拆装

知识点：了解常见输入、输出设备和机箱、电源的基本组成及主要性能指标，掌握其识别与拆装方法。

技能点：能正确识别与拆装计算机常见外围设备。

2-1 任务 1：输入设备识别与拆装

主要内容：键盘、鼠标、扫描仪、数码照相机等输入设备的识别与拆装。

基本要求：在计算机组装与维护实训室进行实物演示教学，通过查看典型输入设备，了解常见输入设备的基本组成、主要性能指标，掌握其识别与拆装方法。

2-2 任务 2：输出设备识别与拆装

主要内容：显示器、打印机等输出设备的识别与拆装。

基本要求：在计算机组装与维护实训室进行实物演示教学，通过查看典型输出设备，了解常见输出设备的基本组成、主要性能指标，掌握其识别与拆装方法。

2-3 任务 3：机箱与电源识别与拆装

主要内容：机箱的种类、规格、结构，ATX 电源性能指标，机箱、电源实例分析与拆装。

基本要求：在计算机组装与维护实训室进行实物演示教学，通过查看不同类型的机箱、电源，了解其基本组成、主要性能指标，掌握其识别与拆装方法。

第 3 单元：计算机主机识别与拆装

知识点：了解计算机主机及主机组件的基本组成、工作原理及主要性能指标，掌握其识别与拆装的方法。

技能点：能正确识别与拆装常见的计算机主机组件。

3-1 任务 4：CPU 识别与拆装

主要内容：CPU 的主要性能指标，包括主频、外频和倍频系数、前端总线、制作工艺、封装技术、扩展指令集等，CPU 实例分析与拆装要点。

基本要求：在计算机组装与维护实训室进行实物演示教学，通过查看各种类型的计算机 CPU 及风扇，了解其主要性能指标，掌握其识别与拆装方法。

3-2 任务 5：主板识别与拆装

主要内容：主板的结构及组成，包括 CPU 插座、主板芯片组、内存插槽、显卡插槽、其他扩展卡插槽、IDE/SATA 接口、功能控制芯片、BIOS/CMOS、主板控制线、外部设备接口等，主板实例分析与拆装要点。

基本要求：在计算机组装与维护实训室进行实物演示教学，通过查看各种不同型号的计算机主板，了解其主要结构和组成，掌握其识别与拆装的方法。

3-3 任务 6：内存识别与拆装

主要内容：内存的概念、分类、工作原理，内存的性能指标，内存实例分析与拆装要点。

基本要求：在计算机组装与维护实训室进行实物演示教学，通过查看各种类型的计算机内存，了解其主要结构和性能指标，掌握其识别与拆装的方法。

3-4 任务 7：外存识别与拆装

主要内容：外存的概念、分类及主要性能指标，硬盘、光驱、光盘、闪存盘实例分析与拆装要点。

基本要求：在计算机组装与维护实训室进行实物演示教学，通过查看各种类型的计算机外存，了解其主要结构和性能指标，掌握其识别与拆装的方法。

3-5 任务 8：显示卡识别与拆装

主要内容：显示卡的结构，包括显示芯片、显存、BIOS、总线接口、外部输出接口等，显示卡实例分析与拆装要点。

基本要求：在计算机组装与维护实训室进行实物演示教学，通过查看各种类型的计算机显示卡，了解其主要结构和性能指标，掌握其识别与拆装的方法。

第 4 单元：制订配机方案

知识点：了解计算机配置方案制订的原则和方法，掌握常见输入、输出设备、主机各组件的选择和配置方法。

技能点：能结合实际需要和市场情况，灵活制订配机方案，合理配置计算机。

4-1 计算机配机要点

主要内容：计算机配置方案制订的原则、方法和注意事项，计算机各组件的选择和配置。

基本要求：在多媒体教室利用图文并茂的多媒体课件进行教学，通过图片或实物浏览的方式，介绍计算机不同组件的选择和配置方法，以扩大信息量，增强现场感，帮助学生掌握配机要点。

4-2 任务 9：计算机配机实战

主要内容：不同类型的配机特点分析及方案制订。

基本要求：先介绍几种典型的配机方案，并分析其特点和性价比，然后以小组为单位分配不同的配机任务，让学生在调研计算机市场的基础上制订配机方案，最后以演讲、答辩的方式对各小组配机方案作出评价。

第 5 单元：完成一台教学用计算机（硬件）的组装任务

知识点：了解装机前的注意事项，掌握计算机硬件安装、拆卸操作规程、方法与技巧。

技能点：能根据配机方案熟练完成计算机硬件的安装与拆卸。

工作描述：完成一台教学用计算机的硬件安装，包括了解需求、市场调研、制订方案、做好装机前的准备工作，以及严格按照操作规程完成 CPU 及风扇、内存、主板、电源、硬盘、光驱、扩展卡、外设的安装与拆卸。

基本要求：计算机配件建议选取市场上常用的典型组件。在计算机组装与维护实训室进行装机实训教学，并分小组进行装机实战或比赛，以培养学生实践动手能力和团结协作精神。

第 6 单元：完成一台教学用计算机的软件安装任务

知识点：BIOS 的基本知识和设置方法，掌握硬盘分区、格式化及软件安装的方法与技巧。

技能点：能熟练进行 BIOS 设置、硬盘分区与格式化及软件安装。

工作描述：完成一台教学用计算机的软件安装，包括包括了解需求、市场调研、制订方案、做好软件安装前的 BIOS 设置、硬盘分区与格式化，以及操作系统、驱动程序、应用软件的安装与卸载。

基本要求：操作系统建议选择市场上最常用的 Windows XP Professional，应用软件建议选择 Office 2003 或 Office 2007 及其他常见的工具软件。在计算机组装与维护实训室进行软件安装实训教学，分小组进行软件安装，以培养学生的实践动手能力和团结协作精神。

第 7 单元：完成一台教学用计算机系统的测试与优化任务

知识点：系统常用测试、优化方法，掌握常用测试、优化工具软件的使用。

技能点：能对计算机软、硬件系统进行测试，并根据测试结果对系统性能进行优化。

工作描述：使用常用测试及优化工具软件，完成对一台教学用计算机的性能测试与简单优化。

基本要求：在计算机实训室进行系统测试与优化实训教学，学生每人一机，独立完成主机、外部设备各组件及软件系统的测试和优化，并提交系统测试和优化报告。

第 8 单元：完成一台教学用故障计算机的日常维护任务

知识点：了解计算机维护、维修的相关知识，掌握计算机软、硬件日常维护的基本方法。

技能点：能对计算机系统进行日常维护，并能对典型故障作出诊断与排除。

工作描述：通过常规检测，对计算机系统进行日常维护，对常见的典型故障作出准确的判断和修复。

基本要求：在计算机实训室进行系统维护与简单维修的实训教学，选择教学中出现典型故障的计算机或通过设定典型故障（包括简单硬故障和典型的软故障），让学生进行查找和排除，以培养学生发现问题、分析问题和解决问题的能力。

9.5.4 教学实施建议

1. 学时建议

本课程建议总学时 68 学时。授课 30 学时，实验、实训 38 学时。

2. 教学方法建议

本课程实践性、操作性很强的特点，建议本课程绝大部分内容在计算机组装与维护实训室开展理论、实践一体化教学。教学方法主要采用实物展示、示范操作、任务驱动、案例教学等行动导向教学法。具体如下：

① 第 1 单元的内容可以采用讲授与多媒体或实物展示相结合的方法，边讲边看，以加大课堂信息量，增强学生感性认识。

② 第 2、3 单元的内容主要采用现场实物展示与示范操作法，边讲边看边做边练，着力学生单项技能和实践动手能力的培养。

③ 第 4 单元的内容可以采用案例教学法，教师先介绍和分析典型案例，接着以小组为单位给学生布置工作任务，然后由各小组自主提出解决方案，最后以演讲和答辩的形式进行方案评价。

④ 第 5、6、7 单元的内容主要采用任务驱动法，课堂教学组织以小组为单位，以工作过程为主线，以典型工作任务为驱动，教师首先进行任务分析和操作示范，接着学生进行模仿练习、教师巡视指导和纠错，最后教师对任务完成情况进行评价和总结，着力培养学生完成工作任务的综合职业能力和团结协作精神。

⑤ 第 8 单元的内容可以采用案例教学和问题探究相结合的方法，其一般过程为：预设故障、分组讨论、动手修复、分析总结，着力学生发现问题、分析问题、解决问题等能力和素质的培养。

9.5.5 考核方式

本课程以培养学生的计算机安装、维护能力为核心目标，建议采用形成性能力考核方案对学生学习情况进行综合考核。学生成绩由单元能力考核和综合能力考核两部分组成，权重可以设为 5:5 或者 6:4。具体如下：

1. 单元能力考核

单元考核不仅包括学生本单元作业、实训任务、实训报告等基本任务完成情况的考核，而且应以每个单元的任务或案例完成情况作为考核重点。建议权重设为 4:6。

2. 综合能力考核

一般在期末进行综合能力考核，重点考查学生利用本门课程所学知识解决综合性问题的能力。对本门课程而言，建议综合考查学生制订配机方案、计算机系统安装与维护能力。建议权重设为 3:5:2。

为体现考核的客观公正性，建议教师事先公布考核方案，在考核中通过学生自我评价、小组评价、教师评价相结合的方式进行综合考核。单元能力和综合能力考核均建议采取现场操作考核。

第五部分
计算机教育教材建设

　　教材是课程和教学的载体，是重要的教学资源，是把教学思想、教学理念转变为具体教育的中介，是教育教学改革的关键之一，也是教育教学改革成果的结晶。

　　在第 10 章提出了计算机教材建设的要点，以及不同类型教材的开发方法、开发模式等。一方面给教材的改革以启示，另一方面希望通过教材的改革和建设，来引领和推动教学改革。

第10章 高职计算机教育教材建设

本章将探讨在课程开发后如何形成教材的问题。教材是教学内容和教学方式的载体，是把教学思想、教学理念转变为具体教育的中介，是教育教学改革的关键之一，也是教育教学改革成果的结晶。教材建设涉及教材由谁来开发、如何开发、如何评价等诸多问题。本章将主要针对职业能力导向课程体系中的三类课程的教材建设提出一些建议，供借鉴与参考。

10.1 关于教材建设的理念更新

教材建设首先要更新理念，体现"做中学"的理念和"以学生为中心、以教师为主导"的原则，教材是教学的基本资源，不能片面地理解为教师可以照本宣科的书本，而应该把教材变为能够体现交互性、动态性和立体化的教学载体。

1. 高职计算机教材要体现交互性

教学过程是一个教与学的互动过程，因此教材要能够把教学过程反映出来，特别是对于高职教学，激发学生的学习主动性和参与性十分重要。要通过教材结构与内容的设计，把知识、技能、态度、情感等要素综合起来考虑，通过讲授、问答、操作示范、小组项目、竞赛、角色扮演、评价、成果展示等多种形式，培养学生的专业兴趣，调动学生的学习主动性，并通过师生的多次互动实现教学目标。

2. 高职计算机教材要体现动态性

所谓动态性，也就是说教材不是静止不变的，不是"死"教材，而是"活"教材，把教材与学结合起来，在教材中把老师和学生完成教学的过程体现出来，例如可以在教材中设计空白页让学生填写，包括操作过程与步骤、学习体会与收获、综合评价（自评、互评、教师评等），形成在学习过程中学生与教师相互沟通和交流的有效渠道。

3. 高职计算机教材要体现立体化

教材的立体化体现为教材形式的多样性与丰富性，要把课上与课下、工作过程与学习过程、教与学、个体与群体、多媒体与互联网等因素充分综合考虑和利用，通过信息技术、网络技术、仿真技术、动漫技术等，开发立体化教材，以实现教学过程的生动性、直观性、真实性（或仿真性）、交互性和便捷性。

10.2　职业竞争力导向课程模式中的三类课程的教材建设

10.2.1　课程的类型

职业竞争力导向课程模式主要包含三类课程：基础或专业理论知识、单项技术技能训练课程和基于工作过程的学习领域课程。

1．专业理论知识课程

理论课程向学生传授计算机的基本理论、知识和方法等，是学生综合能力培养和可持续发展的基础。在课程教学的具体实施过程中教师占有主导作用，学生对职业知识和方法以学习为主，核心是培养学生的独立思考和创新思维。理论课程在职业能力导向的支撑平台课程体系中对其他两类课程具有重要的支撑作用，是构成支撑平台的重要组成部分。

2．单项技术技能训练课程

单项技术技能训练课程是培养学生实践能力的，为学习领域课程提供实践基础。课程的技术标准应来自行业、企业，在训练专项技术技能时，要注意行业规范、标准，以及技术技能在行业中的实际应用。

3．学习领域课程

学习领域课程（或学期项目课程），由职业典型工作任务（或项目）转化而来，通过课程学习，学生将综合应用理论课程中的理论、知识、方法和实训课程中掌握的技术技能，完成一个完整的工作任务，从而获得经验和工作过程性知识，提升自身的职业竞争力。三类课程在课程体系中各就其位，各司其职，又互相关联，互相支撑，有机融合。

10.2.2　三类课程教材的特征

根据基础或专业理论知识、单项技术技能训练课程和基于工作过程的学习领域课程这三种不同的课程类型，相应的教材也应分成三类。

1．专业理论知识课程教材

理论课程教材也称知识与方法性课程教材，与之相对应的是"启发式"的教学方法。要明确认识到，理论课程教材的内容是支撑其他两类教材内容中的学习项目和典型工作任务的重要理论基础，是为培养职业能力服务的。人才要实现可持续发展，具有职业竞争力，就必须加强必要的理论学习，职业人才培养既要重视实践，又要重视理论，但重点是实践，这才是符合国情的高职院校育人之道。

在高等职业教育中，相应理论知识的增加是随着综合性工作任务的难度增加而逐步积累的。因此，在学校教学周期上，往往不是先进行理论课程基础学习，然后再学习专业课程；而是随着学习领域课程难度增加，逐步完成理论课程的支撑。使理论课程符合职业成长过程应是理论课程教材开发的难度之一。

教师在此类教材的使用过程中起主导作用，所以此类教材的开发可以以专业教师为主，除了编写一些必需的知识、理论和方法外，还要邀请部分高水平的企业专家对行业领域中的基于实际工作任务中必须用到的工程规范、行业标准进行分析、提炼，按照由浅到深、由易到难的顺序编写到理论课程教材中去，适应以培养学生职业竞争力为主要目标的新的课程体系改革。

2．单项技术技能训练课程

单项技术技能训练课程教材主要是为培养学生实践动手能力的实训课程服务的。这部分教材主要是二年级学生使用，教材内容主要由来自企业的典型项目、任务组成。这部分项目、任务是要应用前面职业理论课程中学到的知识、理论、行业规范以及方法技巧等来解决实际问题的。典型工作任务的分析、提炼中要注意融合工作过程性知识，这就要求企业专家的参与度要强于理论课程教材的开发。

教材开发团队应该由学校相关专业的三、四类双师型教师和企业的三、四类专家组成。通过基于工作岗位的典型工作任务分析，设计教材案例与任务。教师在教材使用的过程中主要起引导作用，教材内容要配合教师做中学、行动导向、边学边练等教学方式。学生通过按照教材的内容进行实训，牢固掌握并灵活使用一些将来在后期学习领域课程中需要经常使用到的关键职业技术。

3．学习领域课程教材

学习领域课程教材目前还较少，可以先由一些有能力的高职院校进行开发尝试。原则上，此类教材的内容应该是指导学生综合应用前面理论课程中得到的理论、知识、技术技能和实训课程中获得的单项职业能力完成一个完整的工作任务的学材。通过完成综合的工作任务，学生获得工作经验和工作过程性知识，提升职业竞争力。

这类教材的开发必须学校和企业通力合作，双方派出最强的教师和专家组成教材开发团队，并聘请有经验的职业教育专家进行指导。学生根据本教材要求独立策划、组织完成项目，这个过程必须有企业专家和专业教师指导。

10.3 教材开发的要求与队伍建设

10.3.1 教材开发的要求

1．校企合作开发

必须选择有实践经验、专业水平和切实理解高等职业教育的专家级教师（或具备理论和实践经验的双师型教师）领衔教材建设，同时，必须有高水平的能够理解职业教育理念的企业高级工程师或技术专家参与。

2．各按步伐，共同前进

量力而为，不同院校、不同专业要根据自己的经验、能力、师资等实际情况选择有实力的专业课程进行配套教材的建设。

3．重视课程专家的作用

重视课程专家在课程建设及教材开发中的指导作用，保障编写一批切实反映改革成果的高水平的高职教材。但要注意将专家的意见融入实际的教材需求和编写过程中，防止生搬硬套。

4．教材开发要有整体性思维

在教材开发过程中既要体现三类教材的相互支撑关系，又要适合三类不同教材的教学方法，要全面考虑专业—课程—教材三者之间的逻辑支撑关系。

5．注重保障性建设

进行教材建设的高职院校或区域联合团体要积极做好教材开发的立项工作，从资金、场地、人力等各方面给予支持，做好后台保障工作。

10.3.2　教材开发的队伍建设

1．双师型教师要求

新型课程体系配套教材建设对于团队的要求极其严格。参与的教师必须是双师型教师。1998 年，原国家教委在《面向 21 世纪深化职业教育改革的意见》中提出了职业学校要加强"双师型"教师队伍建设的要求。目前，对"双师型"教师的描述有多种方式，但总的应该分成下面四类：

①　"双证书"说，即取得教师职业资格证书和其他职业资格证书。要求此类教师通过高等教育教师资格考试，同时拥有在企业第一线本专业实际工作经历，或参加教育部组织的教师专业技能培训获得合格证书，能全面指导学生专业实践、实训活动。目前，一些地区的高职院校的教师受户口制度限制，获取高校资格证书有一定难度，地方民办教育管理机构可考虑建立区域或民办系统内的教师资格证书考核、颁发制度，将来教师资格证考取制度一旦放开，可以作为教师职业教育能力的证明，实现无缝对接。

②　"双职称"说，即取得教师职业的技术职称和其他职业的技术职称。要求此类教师具有本专业实际工作的中级（或以上）技术职称（含行业特许的资格证书），或者具备专业资格或专业技能考评员资格者。

③　"双素质"说，即要求具备胜任理论教学和指导学生实践教学的素质。

④ "多素质"说，即要求具备教育家、工程师和高级熟练工人等素质与能力的复合型人才。此类双师教师与上述第三类双师在职业教育课程改革、教材建设中应作为主要力量，这也是新的职业教育改革成功与否的关键。

2. 企业专家要求

在校企合作过程中，对应四类双师型教师，我们寻求的企业技术专家也应该分为四类：

① 第一类企业专家必须来自企业一线，是具有丰富的实践工作经验，具有专科以上学历，了解并熟悉产品设计、生产全过程的熟练工人，最好具有行业助理工程师以上职业资格，能够指导学生完成典型工作任务的实践、实训活动。

② 第二类企业专家应属于企业生产一线的高级熟练工人，具有本科以上学历，具备行业中级工程师以上资格，具有一定的产品、技术开发及科研创新能力，在指导学生完成实践、实训活动的同时，能够讲授一定的专业理论知识。具有一定职业素养，具有总结能力，对职业教育人才培养和要求有一定认知，能够开发一定的实训项目。

③ 第三类企业专家应属于企业一线关键产品、生产线、攻关项目的技术领袖，具有研究生以上学历，具有行业较强技术开发能力，具有良好的职业素养，主持过技术改造或创新，成果对企业效益提升显著。并对职业人才需求与培养有一定研究，接受过系统的职业理论培养，具备行业高级工程师以上职业资格。

④ 第四类企业专家应该是从企业一线成长起来的企业部门以上领导级人物，研究生以上学历，有过教育培训经历，具有较高的职业素养，具有行业高级工程师资格，对行业发展趋势有一定前瞻性，对职业教育有较深的研究，有较高的理论研究能力，多次参加过职业教育人才培养研讨活动，发表过一定影响的论文或著作。各高职院校可以根据职业教育课程改革、教材建设等项目的难易程度、目标取向有选择的聘请不同类别的企业专家参与，这对于职业教育改革的成功起着至关重要的作用。

10.4 教材开发的模式

10.4.1 校企合作

职业分析是课程开发的起点，也应是教材建设的起点。而职业分析必须有企业的参与，否则毫无意义。因此校企合作是课程改革及教材建设中的关键，但也是难点。相信很多院校都曾经或正在为此事头疼。首先是有合作意向的企业不好找，即使找到了，这种企业也未必有能参与职业教育研究、有一定水平的企业专家。更何况，很多院校的大部分专业甚至难以找到合作的企业。基于此，目前要求全国的职业院校都参与到新型课程改革和教材开发还不现实。可以鼓励那些条件较好，职业教育研究开展较早，有一定合作企业资源的职业院校选择本校实力较强的专业，甚至是这个专业中的一门课程，集中最强的人力、资源、设施，带头先行。其他院校要根据当前职业教育课程改革的基本要求、基本步骤和建设基本框架，明确当前的主要任务，从实际出发，不同院校、不同专业根据自己的实际情况，制订适合自己的可行的发展目标和改革计划，使自己在现有的基础上前进。

10.4.2 区域合作

由于我国的高等职业教育课程改革和建设存在不平衡性，资源、师资、软/硬件条件都存在一定差别。如果要求每个职业院校都按照本书中的两种课程体系开发方法进行改革显然不现实。但可以集中全国的或者某一个区域的条件较好的学校和水平较高的企业进行试点。集中本地区最强的院校、最强的专业、最强的师资、最强的企业及企业专家组成区域联合开发团队。然后建设一个开放的、共享的资源平台，将该团队开发的典型工作任务、项目、经验、方法、教材以及形成的使用指导意见等放置在这个平台上，供其他院校同类专业借鉴、学习或直接使用，循序渐进，从而带动全国的职业院校的教材建设。

10.4.3 政府或行业协会组织、协调

无论选择什么开发模式，政府或相关行业教育协会自始至终都要扮演好一个组织、协调的角色。从政策、资金及企业资源等方面给予大力支持。要组织好一批有名的课程建设专家，全程指导、监督教材建设的全过程，并做好评估工作。